◎全球最具力量、高端而又隐秘的幸福心理学教程

● QUANQIU ZUI JU LILAING GAODUAN ER YOU YINMI DE XINGFU XINLIXUE JIAOCHENG

希望

CREATE THE FUTURE YOU WANT FOR YOURSELF AND OTHERS

改变未来的心灵正能量

高朋◎著

GAOPENG ZHU

民主与建设出版社

图书在版编目（CIP）数据

希望 / 高朋著. -- 北京：民主与建设出版社,2014.11

ISBN 978-7-5139-0453-7

Ⅰ.①希… Ⅱ.①高… Ⅲ.①成功心理—通俗读物

Ⅳ.①B848.4-49

中国版本图书馆CIP数据核字(2014)第199856号

出 版 人：许久文

责任编辑：李保华

整体设计：千里马工作室

出版发行：民主与建设出版社有限责任公司

电　　话：(010)59419778　　59417745

社　　址：北京市朝阳区曙光西里甲六号院时间国际8号楼北楼306室

邮　　编：100028

印　　刷：北京彩虹伟业印刷有限公司

版　　次：2014年11月第1版　2014年11月第1次印刷

开　　本：16

印　　张：13.5

书　　号：ISBN 978-7-5139-0453-7

定　　价：32.00元

注：如有印、装质量问题，请与出版社联系。

你遗忘的那股力量

希望是一种很原始的力量，它隐藏在内心的深处，激发出这种力量将得到一种全新的思想变革。国家、企业、个人都需要这种力量，这是我研究了大半辈子的课题，我的理想就是将这种力量教给每一个人，让他们能自行掌握从谷底走向巅峰的方法。

希望这种力量的起源与存在，很多人并不清楚。

每个人都会说，你要抱有希望，可希望究竟是什么，也许根本没有人说得上来，这种说不上来，并不是他不清楚，只是他也不知道这种力量到底在哪儿？怎么激发？怎样得到？

我写这本书的目的也是让更多人看到我的研究成果，了解希望这种隐藏的力量，当我开始这项研究的时候，我的朋友会取笑我，认为我是在开玩笑，会经常对我说希望不就在那里吗？

可当我问：你现在觉得活着有希望吗？

他会回答：生活就是这样，一天一天过下去罢了。

每个人都可以将希望挂在嘴边，可没有几个人能做到给自己希望，给别人希望，给自己希望的人是快乐的人，而给别人希望的人肯定是领导者。

这股被人经常遗忘的力量，却无意间被我发现了，给我带来这种冲击的竟然是一位病人。只有少数人的内心很强大，人们会认为他们天生乐观，可我研究发现，这种乐观并不是天生的，每个人都应该具备希望的自我激励能力，可是被负面情绪掩盖住，你根本看不清它在哪儿。

就像爱一样，有的人会说，失去了爱的能力，其实有时候那种本能依然在，只是转移了。

这本书集合了我的研究结果，还有实际案例，我将从浅入深地讲述希望这股力量，从认识到利用最后运用到工作、生活之中。

有些人会愿意看一些心灵鸡汤来滋养受伤的心灵，通过这种方式来激发内心的希望，可是在我看来，这种方法非常的被动，其实每个人都该相信，你也能成为心灵鸡汤的主角，能让你自己激发自己的力量，就是希望。

这种力量不但可以影响你自己的生活观，也能影响你周围的人，这是一种传播性的能量，有一句话是这样说的"爱笑的人总是比较幸运"，这句话表达着一种观点，即快乐都是能够传染的，我依然认为希望也是可以传染的，这是一种正能量的力量，它本身就具备着传染性。

如果你掌握了这种方法，你将可以成为人群中的主导者，你带着希望，就能找到渴求希望的人，有吸引力的人，不怕找不到追随者，反之，如果你不是希望的制造者，那么强压之下的管理，你将受到很大的阻碍。

与人沟通最令人担心的一种就是无效沟通，与这种屏蔽沟通的人进行对话，鼓励他做任何的事情，简直是在做无用功，而我惊奇的发现，就是这种我无法进行沟通的人，却能被带有希望的人，打开他们的心门。

这个原因到底是什么呢？

请跟我一起看看这个原因吧！

目　录

第一部
想一想，下一秒是什么

◎第一章 如何在绝望中重生希望

　　我的朋友伊布·克肖是位骨科医生，他经常来我家喝上几杯再去医院。在我的眼里，他就是一个酒鬼，但在他太太的眼里，他是一位杰出的医生。我们的相遇是在一次鸡尾酒酒会上，那次是劳伦斯·布林医生举办的医生朋友的聚会。在那次酒会上，我遇见了克肖，当时因为讨论心理与身体之间的关系问题，我与他起了不小的争执。

　　他认为心理的健康与身体的健康没有半点关系，但身体的健康会直接影响到心理的健康。作为心理医生的我，并不赞同他这个观点。

　　在酒会上我们畅谈到深夜，酒会过后我们会时而拿出病例证明自己的观点，正因为如此，我们成了朋友。

　　克肖最近为了两位病人经常向我抱怨。他说："比恩，你告诉我，两位病人明明都是一样的症状，可为什么伊格尔就是比伯德开朗，比伯德恢复得快呢？我一直想不通。"

看着克肖苦恼的模样，我也开始深思，这是为什么呢？

于是，我决定一探究竟。在克肖的引荐下，我见到了伯德，他是个中年法国男人，留着杂乱的胡须，神情呆滞地看着窗外。身着病服的他双手紧紧抓着被子，被子盖住了他瘫痪的下半身，他是在刻意遮掩身体缺陷。见病室里有医生进来，他露出绝望的神情，盯着我们看。我一直都记得他那种绝望到让我发冷的目光。

通过克肖的介绍，伯德对我有了一些初步的了解，但他并不想与我交谈。不管我如何进行开导，他始终只是沉默。当我决定放弃与他交谈的时候，他却主动对我说了一句话："你不会懂绝望是什么感觉的。"

他说完这句话后，再也不想多谈。我可以感受到他内心的绝望，而这种绝望可以传染到围绕着他的人们，此时就连我心里也有种不舒服的失落感。

我见过伯德后更对伊格尔产生了兴趣，在克肖的引荐下，我见到了伊格尔，他正坐在轮椅上与他的太太一同看杂志。他的太太露出灿烂的笑容，丝毫看不出这对夫妇正经历着残酷的考验。克肖介绍过我是一位心理医生后，伊格尔爽朗地笑着与我握手。他也是一位中年法国男人，同样是法国人，却有着截然不同的心态。与伊格尔接触，会让人感觉到愉快。他热情地对我说："比恩先生，我想我的腿是好不了了，可我的心理非常健康，只怕我们见面的机会不会太多。"

想不到，一位失去双腿的中年男人会如此开朗。我在好奇心的驱使下坐在了他身边，说："伊格尔先生，你是我见过的最乐观的病人，我很想跟你聊聊。"

"比恩先生，我不过就是一位很平凡的法国老男人，只是在绝望中我更能找到希望而已。"伊格尔边合上杂志，边笑着对我说。我想了想问："希望？"

"我的父亲是位盲人，他天生如此，很多人都很同情他，但他告诉我，活着就有希望，有希望就会有幸福，要得到就该心存希望。这句话一直是我的动力，虽然刚得知病情的时候我真的很绝望，觉得没有了双腿，我就没有了奔跑能力；没有了双腿，我就再也不能爬山；没有了双腿，我就无法实现环游世界的梦想。"此时伊格尔沉默了片刻，他的表情很痛苦，但过了一会儿，他笑了。

"那是我绝望到开始怀疑活着这件事到底好不好的时候，最后我找到了答案，既然我已经失去了双腿，就不该失去健康的心理。我开始重新规划我的希望，有双腿时我希望跑遍全世界；而现在，没有了双腿，我可以给自己另外一个希望，我现在正开始写小说。"伊格尔一时兴起，让他太太拿了他写的文章给我看。他的太太骄傲地告诉我，有一本杂志愿意刊登她丈夫的短篇小说，还支付了相应的稿酬。

看着那一本本厚厚的笔记本，我很清楚，伊格尔绝对不是一天两天就学会了写作并且得到稿酬的。在医院的无聊时间很多，他利用所有的时间进行学习，而伯德则用了所有的时间来自怨自艾。

见过这两位病人后，我对于"希望"二字有了深刻的认识，这是一种具有感染力的新力量，克肖在我离开医院的时候问我："要怎么样才能让伯德像伊格尔一样，病情好转起来？"

我趁着这个机会，让他承认心理健康绝对与身体健康有着密切关系，才肯告诉他解决的办法。克肖不情愿地承认了这一观点，我们那场争辩在这里画上了句号，结果是我胜了。

我对克肖说："我有个方法，你让伊格尔与伯德住在一个病室里，看看是不是有变化，正好我也能观测一下希望的影响力是怎样的。"

虽然克肖对于我这种双赢的方法表示赞同，但他还是要求我请他吃了一顿大餐。这顿大餐我觉得是值得一请的，因为这次去克肖所在的医院的经历让我有了新的思考。

"绝望"与"希望"两个词语肯定是对立的，但伊格尔偏偏向我证明了一件事。我画了一张分析图，如果伊格尔的第一希望是环游世界，那么，他失去了双腿，就面临了绝望。假设环游世界是希望A，那么他的希望就此落空，理应会有抑郁症或者自闭症出现。可他却从A的绝望中寻找到了第二希望——成为作家，假设成为作家是希望B，在A的经历中，他更能成就B。

转移希望点成为了改变一个人精神状态的原因。对于这种有意思的心理变化，我开始产生了浓烈的兴趣。回到家后我翻出《希望心理学》（*The Psychology of Hope*），这本书的作者是瑞克·桑德（Rick Synder）。他说，希望是维持生命的动力，而我们对于未来的向往则是希望的基础。桑德教授在书中提到："就如同我们的祖先所说的，我们目前所走到的地方称之为A点；而我们所向往的地方，就是B点。"

伊格尔不但找到了 B 点，还找到了目前自己所在的 A 点。在这个过程中，他并未接受心理辅导，完全是在自我治愈的能力中调节过来的，这让我不得不佩服。

过了三个月，克肖告诉我伯德与伊格尔都出院了，他非常感谢我的建议，他们因为住在一个病室，成为了朋友。伯德的病情也稳定了很多，克肖把他们的关系形容得像好兄弟一样。这件事让我吃惊，我本以为伊格尔可能会影响消极的伯德，然而事实证明，他不仅影响了，而且让伯德改变了。

在克肖的帮助下，我再次见到了伊格尔。我上门拜访时，他正在家里给阳台的花朵浇水。见我到来了，他就嚷着让他太太为我们准备下午茶。坐下来后，我发现他还是那样精神，于是我与他寒暄了几句后问："伊格尔先生，我非常好奇您是怎么影响伯德先生的。"

"那个倔强的老头是我见过的法国男人中最固执的，不过，我觉得他很像当时失落绝望的我。我每天都与他分享我当时的经历，他一开始对我并不感兴趣，但是后来，当我计划着每天要完成的任务时，他好奇了。"

伊格尔的太太上了下午茶，我们继续聊着："我给他看我每天需要完成的工作，他也学着我，开始规划每天要干的事。最后他找到了自己的兴趣点，他喜欢下棋，在医院里他很难找到对手，所以他开始在住院期间规划每天需要掌握的下棋技术。他出院后就想找人下棋，有事情可做，心情也好了起来，至少不会觉得自己像个废人了。"

伊格尔在我心中是点燃我对希望的探索欲望的人，也是希望的英雄。我很高兴地与他分享我对于希望探索的欲望，他听完我的讲述后，表示很期待我这项探索的最后结果。

"伊格尔先生，能不能冒昧地问下您，您的乐观是来源于哪里？"

"我觉得是源于我对未来的期待，像伯德先生，他就完全没有期待，所以他才会那么消极。我很清楚地记得第一次见他的时候，他还觉得这样活下去还不如死了好。"

自从与伊格尔聊了一下午后，我开始着手于"希望"这个命题。如果没有希望，人类将会是一个什么样子？我真不敢想象，如果没有希望，也许活着就像是木头；希望才是人类活着的重要因素。我一直在探究，但直到现在我才非常肯定，有希望，人类才能延续生命。

从业这么多年来，我一直有个难题，有些人的心理治疗需要很长时间，而有些人则可以很快康复。我一直在寻找这个难题的根源，起初我认为是 IQ 的问题，一个人的理解能力与看待事情的能力是紧密联系的；然而我找伊格尔先生配合我做了一项测验，测验证实，伊格尔先生的 IQ 属于正常的水平，但他是我见过的最乐观的法国男人。

这种差异让我有了深度的思考，一个人乐观并不能片面地说明他 IQ 很高。在这件事上，我有很强的挫败感，这几乎推翻了我两年以来的研究。不过在挫败感之上，我又有了成就感，因为我发现了一种新力量，足以改变悲观的人生态度，足以提高幸福感的绝妙法则。

这个法则至关重要的核心，就是希望。

希望的力量是经常被人忽略的，这是信心、幸福的源泉。许多人总在抱怨生活的不公平、生活的艰辛、生活的忧伤，但很少有人给予自己希望，所以在此就失去了一次找到幸福的机会。幸福不一定是结局，而是寻找希望的过程，这就是幸福。

希望也曾经是我所忽略的力量，就我自身而言，身为心理医生，我很少去对某件事情或某些东西给予我自己希望。生活在我看来就是循环不断地解决问题，我乐此不疲地解决病人的问题，从而忽略了我对于生活的希望。

幸福指数随着我忙碌的工作一再下降，自从深思了"希望"这一课题后，我才找到了我幸福指数下降的源头。

对于未来，我们持有何种态度取决于我们对现在是否寄予希望。当我们的内心没有一丝曙光时，就找不到出口。我相信，有绝大多数的人迷失在了自己的迷宫里，找不到出口，找不到明天。

像伊格尔这样的乐观主义者，在生活中还是极少数的，当初我参加工作时义无反顾地选择了做心理医生，那是因为我相信，心理的疾病比身体的疾病要复杂得多。我坚信心理的疾病足以影响身体，从而产生许多科学都无法解释的病症。为了解决这一问题，我尝试过思考不同的方向，持续时间最久，而且最受肯定的则是我在前年发表的论文《IQ 与心理论》，将 IQ 问题作为研究课题。我非常认可美国耶鲁大学的心理学家斯腾伯格 1985 年提出的关于智力的三元理论。

可现在我才清楚地认识到，IQ 绝对不是影响心理活动的最主要因素。如何在绝望中重生？我认为希望是重生的法宝，这是每个人与生俱来的能力，不需要高智商也能领悟到的一种道理。但往往就是这么简单的道理，却会被人忽视。

当一个人失落的时候，我们常用的安慰语是：别放弃希望！加油！

然而希望究竟是什么？如何在绝望到一片黑暗的时候寻找希望，又有几个人清楚呢？如果希望那么容易寻找，也就不会有那么多人迷失在困境之中无法自拔，最后迎来的就是自闭或者抑郁。

我写这本书的初衷就是将迷茫的人们拉回希望之中，让他们通过阅读自助走出心理的困境。其过程是需要静心去体会的，所以请放下琐事，放下偏见，放下固执，相信一件事，那就是希望。

希望到底是什么？在我看来，希望就是人信念的支点，它撑起了整个人类的生活轨迹，决定着未来的方向。在遇见阿曼德·巴克后，我更加确信希望的力量。阿曼德·巴克是个肥胖到让人难以靠近的男人，他每天的饭量是我的五倍以上，就是这样一个人，成为了我的病人，也成了希望的英雄。

通过伊格尔的引导，我开始探索希望，然而就在我探索时，没想到会遇见这么一个让我印象深刻的病人。护士小姐递给我他的病历时，我看了一眼，对于这个肥胖到让我印象深刻的男人，他的体重我也有所考虑，不经常运动的人才会遇到身体问题，会因为自卑或者其他因素造成心理的疾病。我按照平常的诊断手法——先问后测试再判断，然后问："阿曼德·巴克先生，你是因为什么来到这里的？"

"医生，我得了癌症。"巴克说着就慢慢流下了眼泪，他肥胖的身体在我没有准备的情况下直接冲向了阳台。我吓坏了，急忙叫护士与我一起拉住他，给他打了一针镇定剂后，他才恢复了平静。我让护士安排一间病房给他，让他好好休息，等能面谈了，再继续。

在我看来，巴克是一位极度绝望的病人，我想破了脑袋也想不出怎么让他先别寻死。就在我焦头烂额的时候，护士小姐急忙叫我过去看看巴克的情况。我第一反应是，巴克是不是又制造了什么难题。到了病房，我才发现他又在闹自杀，几位护士小姐根本拖不住他。我只能叫上所有的心理医生，帮我一起将他押在床上，给他打了镇定剂，锁住他的四肢，他也累了，睡了过去。

我们可累坏了，查看巴克的资料后，我找到了他的太太鲍比·贝利，她看上去是位淑女，有非常好的教养。她礼貌地向我打招呼并且道歉，支付了巴克所有的医药费后，开始坐下来与我面谈。我问："巴克的情况家人都知道吗？"

"我们都很清楚他的病情，可我们并不知道他来看心理医生了，这让我很吃惊。"贝利眼神中有些疲惫，她喝了一口咖啡后望着我继续说，"医生，我知道我丈夫没有多少时间了。"她碧蓝的眼睛里开始溢出一颗颗的眼泪，她哽咽着抽出纸擦拭了面容，待冷静后继续说，"虽然我也知道接受治疗会很辛苦，也非常明白一旦进了医院的大门，他很难再出来，我接受他不想待在医院的决定。但是回了家后，他根本没有一天是开心的，每天需要忍受着疼痛与死亡的恐惧。看到他那个样子，我非常难过。就在前几天他从家里逃了出来，我很担心，今天总算找到了他，可看着他这样，我宁愿他进医院接受治疗，你能帮我吗？"

看着巴克的太太两眼泪光地找我求助，我只能非常理智地告诉她：

11

"您的先生正在与病魔抗争，作为医护人员，我只能尽力让他恢复心理的健康。至于该不该去医院进行身体治疗，这还需要等巴克先生冷静后再让他去选择。"

贝利认可地点了点头，她与我聊了会儿后就离开了我所在的医院。对于巴克，我从心里有种同情，在她太太那里了解到，巴克虽然肥胖，却是最好的厨师。他沉迷于厨艺，但因为癌症，他的味觉开始减退，做出来的菜肴都不再好吃了。他不但在身体上遇到了最大的难题，在精神上也面临着崩溃。

一位优秀的厨师却再也无法做任何食物，心理上需要承担的不仅仅是绝望，而是对于未来的迷茫。他是位将死之人，然而，他却自己来到了心理诊所，从他这一举动中也能判断，他是极其矛盾的—— 一方面渴望快乐，一方面又绝望到想离开人世。

在我眼里，矛盾的病人是非常难以处理的，他们的判断会随着某一时间段发生质的改变，这会让心理变得非常复杂。我只能通过观察，试图先了解巴克到底是个有着什么样思考方式的人。

里赫曼（Ryckman.R.M）在《人格理论》一书中曾提到对研究的态度："科学的过程既不受益于坚定不移的客观性，也不受益于教条主义的主观性。"在我看来，里赫曼的态度是值得我学习的，"希望"这个值得探索的命题让我发现，我就该用最平常的心态去面对它，以及将其运用到治疗之中。对巴克这样绝望的病人而言，也只有不断换位思考才能了解本质，用希望的力量让他寻找到活下去的方法。面对绝望的病人，我无从下手，但希望，似乎是绝望的唯一救命稻草。

我每天都在观察巴克的情况。第一天，我放了一些杂志在他的病房，他显然对于寻死有着浓烈的兴趣，面对杂志他毫无反应。他的情况依然非常糟糕，不能进行正常的面谈，不能询问心理情况，更不能进行测验。如果在此时运用催眠，是最糟糕的选择。对于寻死的病人，我们最常用的方法就是禁锢，然而我并不喜欢用这样的方法对待病人，而是更喜欢与他们进行心灵的交流。

第二天，我放了一束康乃馨在巴克的床边，起初他有些吃惊，但随后，他又在努力挣脱床的束缚，一心寻死。我无奈，只能让他安睡。第三天，我放了很多布娃娃在他的周围，他一睁开眼就能看见床边有非常多的布偶陪伴着他，他的情绪比第一天要好上了许多，至少不会不顾四肢的疼痛努力去寻死了。他安静地看着那些玩偶，像是在想着什么。

第四天，我并未将玩偶拿走，而是增添了更多的植物，他开始时会呆呆地看着那些植物，偶尔会与布偶聊天。虽然我不知道他说些什么，但是我觉得这已经是非常大的进步了。就因为他这一举动，我第五天就将自由交给了他，他并没有寻死，也没有逃跑，只是安静地坐在床沿。我尝试着与他进行沟通，但他并不想说话，于是我放了一本伊格尔的笔记在他的床头柜上。

这个笔记本是伊格尔当时在住院期间写给自己的话语，我想这也许对巴克会有帮助，所以找伊格尔借了过来。

接下来的几天里，我尝试放各种自助心理类的书籍在他的床头，他依然非常绝望，但不再热衷于跳窗户这件事了。巴克的太太本打算带着他回家，但被我阻止了。我相信巴克不是一个绝望到只能留下等死的人，从他自愿踏入我的诊室开始，我就判定他是想有所改变才这样做的。

经过 20 天的等待，我终于等到了巴克愿意开口的时候。他不再开口就提癌症的事情，我们坐在诊室里，他躺在沙发之上，闭着眼睛与我进行交流："比恩医生，我想问你，活着到底是为了什么？"

"巴克先生，我认为你现在不该想这种问题，应该想些实际的问题。"

"比如说？"

"你明天想做些什么？"

巴克立起身子，用疑惑的眼神看着我。我笑了笑，给他画了一张图，图上面有一座山，然后我问："巴克先生，如果是你，你会猜想这山后面是什么呢？"

"我想应该没有路了。"巴克失落地看着那张图，我又在纸上添了一笔太阳，问："巴克先生，你看，现在这张图里有太阳了，你认为它还缺什么？"

巴克挠头想了想后回答："应该少了树。"

我按照他的要求在画上添加了树，再把图递给他看，问："巴克先生，你现在觉得这张画完整了吗？"

"没有，还少了云、鸟儿、花、水，应该再有一所房子。"巴克越说越兴奋，开始构想美好的蓝图。我笑了笑，将画拿了过来，把画撕掉，扔进了垃圾桶。巴克认为我疯了，他激动地从垃圾桶里捡起那些碎片准备粘贴，然而我却又拿了一张白纸放在他的面前，问："如果那个图画上的美好再也实现不了，那么上帝会再交给你一张白纸，你也会在这张白纸上绘出蓝天，这就是希望。而现在，你缺少的不是勇气，而是对于未来的希望。巴克先生，我非常清楚你生病了，而且是非常严重的病，你害怕失去，迷失了方向。

"在这条道路上，你选择了逃避。我想请问你，你既然不能预测自己将在哪一天回到上帝的怀抱，为什么不接受上帝给你新的白纸，绘制你现在的蓝天呢？"

巴克突然有所领悟，他看看手中的碎片，又看看桌上的白纸，疑惑地问："比恩医生，我不知道作为一位将死之人，还能做点什么？"

我笑了笑："做你力所能及的事，你想想，你能做点什么，才更对得起活着的时间？"

巴克摇了摇头："我不想在医院无止境地做着那些治疗，那样会让我发疯的。"

"那你可以选择不在医院度日，但是你要承受缩短了的生命。如果你想好了要利用这一段时间干些什么，那你现在就可以开始做了，因为你的生命正在倒计时。"我递给他一张写有今天日期的 A4 白纸，他看着日期发呆片刻后起身用双手握住我的手，激动地说："比恩医生，你是第一个告诉我我活着还有价值的人。我还可以做很多我力所能及的事情，在看伊格尔笔记的时候，我就在想，他到底是因为什么才如此乐观。"

"你找到答案了吗？"我看了他一眼，巴克激动地抖动着他的赘肉说："找到了，希望。"

那次面谈后巴克有了很大改变，他开始在白纸上写下每天的事，乐于记录的习惯让他变得忙碌，虽然这样的生活并未改变他癌症的扩散，但他出院后与家人快乐地生活了一段时间。后来，我身着黑色的

15

西装参加了他的葬礼，巴克的太太告诉我，巴克离开人世的时候，她曾一度很难过，但她经历了巴克生病以来最幸福的日子，她非常感谢我救了她的丈夫，留给了她美好的回忆。

带着巴克一家的感谢，我被送上了讲台，说着道别词："巴克先生是我见过的最乐观的癌症患者，他是希望的英雄，他会永远留在我们的心中。非常感谢上帝让我认识巴克先生，他的努力让我看到了生命的奇迹。虽然他最后还是回到了上帝的身边，但我们将铭记他为活着而付出的努力。"

参加完巴克的葬礼，我找克肖喝了一杯，酒精进入我体内的时候，我才松了一口气，觉得整个人活了过来。克肖看出了我今天的难过，他不顾妻子的忠告，陪着我喝起了酒。我们聊着巴克、伊格尔、伯德，他们就像我们身边的朋友，虽然是病人，可却教会了我们很多道理。虽然伯德绝望，但他终究找到了自己；虽然伊格尔开朗，可他终究有过绝望；巴克虽然想着死亡，但他却最终活得精彩。

这几个我熟知而为之感动的人，在我心里留下了深深的烙印，印下了希望的曙光。我问克肖："你觉得没有希望，他们会怎么样？"

"可能会活不下去。"

绝望绝对不是人生的终点，而没有了希望，则绝对是人生的终点。心灵的封闭就像深渊，会一步一步吞噬灵魂，让人无法呼吸，直至死亡。在绝望中，我们须学会换位思考，寻找新的存在意义，才能找到希望。每个人都会有那么一段绝望的时光，谁也不可能一帆风顺地活到老，就像巴克，他是位优秀的厨师，当所有人都认为他前途无量的时候，他却掉入了低谷。虽然他没有逃过生命的终结，可他在生命的最后完成了我迄今为止吃过的最好吃的馅饼。

　　我对巴克的感情，就如同一颗细心栽培的种子，等待着它发芽，等待着它成熟并且生长出美好的果实。在这个过程中，我费尽了心力，然而他再也不可能出现在我的面前，这让我失落无比，难过至谷底。我对每位病人都有着感情，希望他们能够健康长寿，一旦这个希望落空，我就容易失落。在这种时候，克肖总会陪着我，第二天，我自然就渡过了这个难关，迈向了新的开始。

　　希望，是我目前用得最多的词语，我现在最喜欢问病人一句："你觉得你明天可以干什么，你希望自己变成什么样子？"

　　有很多答案是迷茫的，也有很多答案是空白的，但不管答案是什么，我们都该清楚，如果学不会在绝望中理清思绪，就很难去找到属于自己的 B 点。假设人的一生是一条直线，那它们必然会被很多个曲线所切断，通往终点的那一端永远是 B 点，不可能是 A 点。A 点是始发点，然而事与愿违的时间多过顺风顺水的时间，如果堵在 A—B 的路口中间，你将久久不能懂得重生的法则。那么你就会掉入 C 点，C 点是人生的低谷点，无法重生的话，你将永远留在那里。

A点 始发点　　　　　　　　　　　　　　　　B点 终点

C点 低谷线

　　这是非常恐怖的一件事，至少我恐惧每天都没有意义地生活着，绝望地生活着，那样是一种折磨。如果你感觉到现在有点像行尸走肉，根本不知道明天你该做点什么，那么你现在就该好好了解一下希望到底是什么。

重生希望是绝望的唯一克星。想要重生，需要做几件事。迷茫的人之所以迷茫，是因为没有目标。就像伯德，他根本不知道除了呼吸还能做些什么；他感觉自己像个废人，这是折磨他的根源。只要是有残疾的人，心理都有过这样的可怕念头，然而不是每一个人都能拥有伊格尔开朗的性格。所以，我们需要学会如何去重生，找到方法，你就会懂得调整。

伯德走出阴霾后，做的第一件事就是记录，与巴克一样，他最先学会的事情就是记录。记录是一种人的本能行为，随着时代发展，科技的快速变更，即便你不记录，也是敲敲键盘，就能知天下事。这对于人本身而言，就是一种毁灭性的习惯，它剥夺了人类最初探索记录的天性；而我们需要挖掘自己的天性，才能慢慢懂得自己。

记录下身边每一件可能有意思的事情，这会让我们的眼界渐渐开阔。当记录的内容无聊时，我们会设想去更远的地方，以更有趣的方式来生活，而不是原地踏步，行如僵尸。

当第一件事已经完成时，你就有了改变的欲望，翻着一如既往的生活记录，你就会知道你的生活是多么无趣，为什么不找点乐子呢？

如果第一件事你做得已经非常完美了，而且也适当地给自己找了些乐子了，那么接下来，你就需要为自己制订一个重生计划，关于你究竟是想怎样走到 B 点，就如同伊格尔的 A 点是环游世界。然而残酷的现实让他掉入了 C 点，他再也无法完成 A 点这个愿望，那么他需要找到 B 点，然后制订一个计划，一步一步走向 B 点。

那么你的 B 点是什么？

很多人都会因为绝望而一度陷入自怨自艾的泥淖中，因为无法改变，无法回到 A 点，而觉得上帝不公平，根本不会有人理解自己的痛苦。就像伯德，他反感与人沟通，反感听到"哦！你真不幸！"反感一切事物，以至于反感他自己。他羞于将自己展示给他人来欣赏，这样自怨自艾的日子没有终点，他永远走不到 B 点。

但是，伊格尔的出现改变了这一切，他与伯德有相同的经历，伯德更能理解他。然而伊格尔乐观的态度让伯德有了改变，在记录中，伯德开始寻找 B 点。

他的 B 点是下棋，那么他每天都在为之努力，就像巴克直到最后一口气也是倒在了厨房，不管结果如何，他们的过程都是开心、满意的。就这一点而言，有希望，就值得去寻找，在绝望中，我们必须学会重生。

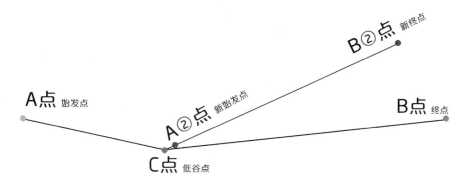

请记住，希望总在下一秒，而不是这一秒，所以，不要让自己的愿望停止，不要让自己的目标停止。掉入 C 点的时光是短暂的，你不会一辈子都这样，所以请相信——希望。

　　只有相信了，才能去寻找，才能学会方法，要控制就必须先相信。阿德勒在《超越自卑》一书中曾说：人的潜力是没有局限的，更不是天生注定的，只要肯去挖掘，每个人都有成功和飞跃的机会。

　　懂得掌握希望的人更能在绝望中找到自我，然而不懂得寻找希望的人，往往会陷入心理疾病的误区，这是我最不想看到的。我愿读到此书的你，相信自己，并且愿意去寻找属于自己的希望。

　　◎ 希望总在下一秒，而不是这一秒。

◎第二章 希望需要寻找

　　命运这件事因未知而让人向往，凯瑟琳是位塔罗牌师，她每天的工作就是给形形色色的人看关于未来的命运，作为她的幼时同学，我不禁惊叹，为什么她会选择一份这样的职业。难得的休假，我到了她的塔罗牌店铺，窗帘是暗紫色，装潢让人有种神秘感，她头上披着黑蕾丝边的纱布，唇如火焰，像极了年轻的女巫，我朝她走去，略带讽刺地说："嘿！女巫女士，能帮我算算，我的未来有没有你？"

　　凯瑟琳顺着我的话与我调侃，我们聊了一会儿，她说："你太太要是知道你这么坏，一定后悔嫁给你了。"

　　"她才不会耽误时间来后悔。"对于这一点我还是对我太太非常自信的，凯瑟琳见我这样自信，她并不高兴，开始向我诉苦："你知道吗？我很迷茫。"

"别开玩笑了。"对于凯瑟琳我还是非常了解的，如果她迷茫了，一定是出大事了，所以我宁愿相信她没有迷茫，本来打算到她这里坐坐，聊聊天，送张喜帖就离开，可见她神色哀伤，我都不好意思将她所说的话，当作一种玩笑，于是只能坐在她的对面问："发生了什么？能告诉我吗？"

凯瑟琳挠挠头一脸烦闷地对我说："我心情糟透了，我被骗光了所有的积蓄，这家店铺过两天就要倒闭了，也许我要睡大街了。"我听她这话，应该是因为爱情才丢了财物，所以我不想刨根究底她为什么被骗，就同情地说："天哪！那你打算怎么办？"

"我也不知道，我想死的心都有了。"凯瑟琳说完，一头栽进桌子里。我见她情绪不稳定，只能安抚她说："一切都会好起来的，当初我们穷得只剩呼吸的时候，不也挺过来了吗？"

"当时我们都是学生，哪能一样，现在我马上就要四十岁了。"凯瑟琳越说越激动，她的情绪完全不可控地发泄了出来。我看着她，继续听她说完："上帝真是不公平，为什么有的人生下来什么都有，而我却只有一对糟糕的父母，爱情也不顺利，事业也不成功，难道我被上帝遗弃了吗？"

"凯瑟琳，你别想得那么复杂，你还年轻，你才三十多岁，怎么可能就被上帝遗弃了？好日子还在后面呢！你要相信希望。"我拍了拍她的肩膀。为了让她从低落的情绪里走出来，我建议她不要总恐惧未来，只要过好现在就行了。她也明白了此时此刻抱怨是件浪费时间的事情，有太多的事情需要她去处理。

　　我离开了凯瑟琳的店铺后，始终没有把喜帖发给她，我想她此刻应该不会想见到这张前男友发给她的喜帖，这会让她本来糟糕的心情雪上加霜。对于凯瑟琳的帮助，我也只能与我的太太商量，让她借住几天，等她找到落脚的地方，再离开。

　　凯瑟琳按照与我的约定，来到了我家，她自愿睡沙发，但我还是为她安排了一间房间——婴儿房一直是空着的，收拾收拾也就能住了。凯瑟琳住下后，每天都在找工作，当我还未醒来的时候，她就已经离开了我家；等我回家的时候，她还没回家。经过半个多月的寻找，她总算找到了在一家塔罗牌工作室打杂的工作。她搬离我家的那天，我叫上了克肖，我们为她开了一个饯行派对。

　　坐在吧台上的我们谈天聊地，克肖突然好奇地问凯瑟琳："你为什么住在比恩家？"凯瑟琳毫不掩饰地说："我被一个男人骗走了所有的财产，当然，还有我的心，我成了落难街头的人，是比恩好心收留了我一段时间，我真的非常感谢。"

　　克肖惊讶地看着她，这个女人虽然个子不高，但长得挺漂亮，应该是属于柔弱女人的那类，可没想到她说起自己的遭遇时竟然能这样平静。他惊讶地说："要是我是你，肯定受不了了。"

　　"这没什么，我父母也都是浑蛋，比起我父母的可怕，我觉得这个男人对我算是客气的。"凯瑟琳轻轻一笑，只有我对凯瑟琳的家境了解，我们当时住在不远的小区里，她的父母经常因为吸毒被送到警察局，最后她还是被交给社区管理，直到长大成人，进入社会。她从我们小学离开的时候起，就没有再见过她父母。

　　她的遭遇，可以说是上帝不开眼。她善良、努力，可总是厄运缠身，我相信她的自我治愈能力，从来不见她愁眉苦脸，就算是再困难的事，她也会努力去寻找解决的方法。

克肖同情地举杯独饮了一杯后，敬佩地看了凯瑟琳一眼说："你真是非常好的女人。"

"我想，以后找男人该谨慎点，不是每个会说甜言蜜语、会照顾人的男人都是好男人。"凯瑟琳叹了一口气，她喝了一口酒后朝我笑了笑，"比恩，谢谢你让我还拥有希望，如果没有希望，我真不知道该怎么活下去，我寄住在你家的时候，就希望能够尽快搬离，不要给你添麻烦，我现在终于做到了。下一步，我就希望能够在那家工作室升上塔罗牌师，慢慢积累更多的钱，让我的生活变得好起来。"

"会的，你这么努力，就算上帝现在对你说不，但总有一天，他会说行的。"我拍了拍她的肩膀，安慰着她。

这次分别后，我与凯瑟琳失去了联系，直到两年后，我收到凯瑟琳发来的喜帖，才再次见到她。她一身婚纱，幸福地依偎着一个男人，两人在教堂中许下了爱情的誓言。在她的人生轨迹中，有失败，有难过，但她始终相信今天的困境明天会变好，这也是我欣赏她的原因。从小，她就有一股不服输的劲，如果是你，你会怎么做？

我们每个人都有不一样的经历，每个人都是社会的一粒种子，并不是每一粒种子都会有发芽开花的机会，但每一粒种子都该有它的期待。就算未来的路一片暗淡，我们也要相信，有天上帝会说"你行"。带着这样的信念走完属于自己一生的人，在我看来都是伟大的。希望需要我们每一个人用心去寻找，找到了你将拥有明天，没找到，你将迷失在自己的迷宫里。

我认为迷宫里的人们都将受到魔鬼的折磨，那会让人发疯，发狂。我始终害怕在原地画圈圈，那样是无意义而且浪费生命的。在迷宫里的人们请记住，下一次学会往前看，像凯瑟琳那样，不管遭遇了什么，首先不能否认自己。凯瑟琳虽然对爱情绝望，但她坚信还会有下一次。我经常会听些小姑娘抱怨，她们因为有过失败的恋爱经历，就害怕再次恋爱，甚至讨厌男人，这让我感到遗憾，她们错过的不是别人的幸福，而是她们自己幸福的机会。

希望之所以是希望，就因为它是不确定的，这是一种向往，然而没有这一丝丝的向往，人就将没有方向，如同一块没有方向的石头。无论我们面对怎样的消极，只要有希望，总会从原地站起来向前行。谁都不能预见未来有什么事在等着你，凯瑟琳在绝望的时候，也不曾想过有一个人在等着未来的她。

当上帝给我们出难题的时候，你会像凯瑟琳一样努力去寻找出路吗？还是像伯德一样，自怨自艾呢？

我从来不喜欢假设未来，假设是件非常费脑力的事情。假设区别于推理，推理是在原有基础上的一种推算；然而假设则是毫无根据的幻想。当我在外做培训时，大部分的人会向我提问："希望是不是假设？"

假设在我看来是一种没有根据的设定，然而希望则是在心理基础上进一步的设定，它是那么小而朴实，使得每个人都容易忽略它的存在，当真正发现它的时候，已经找不到了。

在人生的这条路上，如果不学会寻找希望，就无法做自己的上帝。如果连自己想要的是什么都不知道，连自己希望怎样都不清楚，那又怎么能找到属于自己的天地？

在遇不到上帝的时候，我们就是自己的上帝，不是每个人都能那么幸运，一路顺风地走到自己想要到达的地方。如果人生是一张地图，我们在每个节点总会需要做出选择，而这个选择源于我们的希望。

我就曾遇见过一位很有意思的病人，他是位年轻的企业家，名叫海伦，他拥有卓越的能力，是位软件工程师。但他的人生非常坎坷，年轻气盛的他以为走上社会就能拥有很好的未来，可现实是残酷的，他在做过服务员、搬运工、清洁员等工作后，才开始注重学习，后来成为了软件工程师。对于他这个年纪来说，他算是很有天分的软件工程师，但他毅然辞去了工作，开始了他的创业之旅。企业发展到现在说大也不大，但足以让他心里不安。他经常被失眠困扰着，一度害怕自己得了绝症。经过全身体检后他才发现自己拥有健康的身体，便猜想或许是心理有疾病了，所以他坐在了我的面前。我看着他的黑眼圈问："昨晚，你是几点睡觉的？"

"医生，我睡眠时间总共加起来也不过一小时，但我现在不困。"海伦显得特别困扰，他的双眼已经垂了下来，从他的表情中，我感受到了他现在的疲惫。我又问："不睡觉的时间你在干什么呢？"

"我在看公司的文件，有太多的东西需要我来处理，这让我非常疲惫。我想过要放手，可这样又对不起我的员工，我总在强迫自己面对过重的东西。"海伦虽然身子瘦小，可他的气场却让人心服口服。面对工作狂，我不善于劝他们放弃工作，放弃工作绝对不是唯一的选择。

一个热爱工作的人，就算停下了手，他依然会继续思考，我根本无法去控制他的大脑。于是我停止面谈，邀请他参加克肖举办的派对。这场居家式的派对是克肖强烈要求的，他好奇心理医生的世界，总设想着我们的不同。

派对是在克肖家举行的，我到时，已经来了很多人，有我见过的朋友，有我没有见过的，齐聚一堂后喝点小酒，也就差不多都认识了。海伦的出席引来了众人的目光，他一身超人的装扮让所有人都发笑了。我这才明白，他误解了我所说的派对的意思，于是我只能带着他去了克肖的卧室，拿给了他一套我存放在克肖家的套装。

他非常懊恼，冲我发火："为什么都这样对我呢？这个世界就是这么不公平，每个人都可以嘲笑我，每件事都那么糟糕。为什么我有了企业却一点都不开心，上帝真是瞎了眼。"

我坐在他身边拍了拍他的肩膀说："西方有句谚语，上帝是个爱打盹儿的老头。没有谁从生下来就能一帆风顺，我们都在寻找。当你是个乞丐的时候，你会希望能吃饱穿暖；当你是位商人的时候，你会希望挣比别人多的钱；当你是个企业家的时候，你会希望企业比昨天更好。不管是哪种形态的生活，我们总在寻找希望，希望随着我们的成长而不同，你现在的希望是什么呢？"

"希望？"海伦皱眉看着我，非常疑惑地继续说，"我从来没有想过这个问题，当初我就是为了生活得好一点开始创业，现在也算是小有成就，此后就不知道该怎么做了，每天都过得很焦虑，现在脑子一片空白，根本不知道该如何活下去。"

"那你是现在快乐，还是以前穷的时候快乐？"我继续问。

"回想起来，还是过去快乐，那时虽然很辛苦，但很充实，每天也没有多余的时间难过，只会考虑明天的温饱问题，为了那微薄的薪水而坚持着。"海伦突然想明白了似的望向我说，"难道我以前期待着明天的感觉，就是拥有希望？"然后他失落地看着地面说，"但我现在已经把它给弄丢了，我该怎么找回来呢？"

我笑了笑，没有回答他的问题，只是向他承诺，我会让他在一个月内找到希望。

希望是人心灵最深处的本能，丢失的原因大多是在于丢掉了太多的信念。不相信所有的一切，失恋的人就不再相信爱情，破产的人就不再相信投资，失业的人就不再相信事业，绝望的人就不再相信生命。不管是哪类人，他们都是在人生的分岔口选择了放弃。而凯瑟琳是我见过的最不怕挫折的人，她相信一切，所以她不曾放弃希望、放弃自己。

海伦的问题在于，他根本找不到支点，经过几次的面谈，我渐渐明白了他为什么会丢失希望。人的心灵是上层建筑，之所以是上层建筑，是因为它高于任何的思维，它有广阔的发展空间，让人拥有无限的潜能。在心灵之上的则是希望，有寄托才会有愿望。

假设人的内心是个金字塔，那么它分几层，底层的就是人心灵的支点，这是支撑整个心理活动的重要部分，也有人把这一部分归纳为世界观，是人从幼儿时期形成的一种看待世界的角度。我觉得美国人本主义心理学大师罗杰斯说过的这句话非常能概括这一部分的重要性："我们的生命过程，就是做自己、成为自己的过程。"

高于支点的第二层则是感知，有了自己的世界观，对待事物才能有自己的看法。自己的感悟这一部分尤为重要，这是一个人判断事物最重要的因素。约翰·格雷曾在著作《男人来自火星，女人来自金星》中强调，男人与女人之所以有很多的不同，是因为男人与女人的感知不同。女人会对一件非常小的事情很在意，比如，汤姆的烟灰掉在了餐桌上，会让端着浓汤的汤姆太太大怒，而汤姆根本不知道她在发什么火；但是汤姆太太则会因此感到嫁给汤姆是件非常难过的事情。从男人与女人的感知这件事就能了解这一层的重要性，这决定着一个人处事的判断。

最后一层则是希望，当我沉溺于 IQ 心理论时，我习惯把心灵构架的最后一层归给 IQ，认为那是至关重要的心灵导向。但自从遇上伊格尔，我开始偏向于希望的作用，一个人的理智程度与 IQ 有一定关系，但绝对不是必然关系；而一个人的失落，绝对与希望有着必然的关联。这是从几个案例中得到的最直接答案。我曾为凯瑟琳做过 IQ 测试，她并没有高智商，但她的 EQ 却在普通人之上，这也是她乐观的原因。很奇怪的是，伊格尔也曾接受我的 EQ 测验，他也是如此，IQ 正常，EQ 比平常人高出 10%，与凯瑟琳的测试结果相近。这让我开始深思，希望到底应归纳于心灵构建的哪一类？

最后，我找了 2000 个路人进行测验，他们中十有八九都不是高智商，可从他们对现状的满意度来看，还算是比较高的；而有一小部分高智商人群对于现状的满意度却非常低。海伦也接受了我的 IQ 和 EQ 测验，结果让我吃惊，他竟然是高智商人群，但 EQ 比我想象的要低。

希望是在所有心理之上的一种对未来的寄愿，是推动一切行为的动力，它是高于 IQ、EQ 之上的一种未知的形态，不管下面建了几层，希望永远在精神世界的金字塔顶尖。

要找到它并不容易，需要先学会做自己，然后纠正错误的感知，学会用辩证法了解别人的感知，再运用本身的 IQ、EQ 应对问题，最后才能找到希望。只有不逃避的人，才能找到出路。

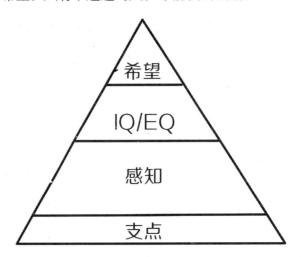

海伦在人生的路途上迷失了自己，他想找回自己时才发现不知所措。他对我说："我都觉得活着很无趣了，真想弄出点大事来找点乐子。"

我看得出，他是闷坏了，开始走极端了，约定的一个月时间已经步步进逼，只剩下 15 天了，我该如何让他恢复过来？我总在办公室里思考着，支点，该如何寻找？

克肖见我最近非常消沉，决定带着啤酒到我办公室里帮我解解闷。我看着他推开门，突然心里放松了不少，几杯酒下肚后，我才觉得头脑开始渐渐减负，向克肖诉说起我的苦恼。他不在乎地耸耸肩，举杯要与我一醉方休，从认识他的那天，我就觉得他是酒鬼，如果要说他的优点，那就是他的烦恼比任何人都少。我问醉醺醺的克肖："你还记得你小时候的事情吗？"

"当然不记得，不对，应该说记不清楚了。"

"那你记得什么？"

"当然是懂事后的事情啊！"

他已经喝得不行了，倒在我办公室的椅子上睡着了。但他的话提醒了我，一个人的支点不是在不懂事之前建立起来的，而是懂事之后，从对待事物的过程和经历的生活中，逐步建立起来的。

我翻开海伦的档案，他不是个幸运儿，从懂事起他就在工作，直到现在他依然在为工作而卖命，他以前卖命工作是因为不工作就会饿肚子，然而现在他努力工作是因为他除了努力工作之外，再也找不到其他的存在感了。孤独的他只能在事业上找到安慰，然而现在他的公司开始壮大，渐渐不再需要他亲力亲为，因此他的存在感在降低，开始变得焦躁不安。

他想努力挽回局面，所以开始彻夜工作，但那种不安的情绪让他根本无心工作。正因为如此，他的下属开始劝说他休息一段时间，这让他非常恼火，他的自我矛盾已经严重影响了生活。

面对这类高智商人群，说话要有技巧，他们不会承认自己得了心理疾病，之所以进入我的诊室也只是说他失眠罢了。但事实并非如此，他此时承受着极大的心理压力，他丢失了作为人最重要的灵魂支点，他更像一个孤魂，他需要尽快找到一个支点。

对于海伦，运动简直是与他不相关的活动，除了面对客户需要打几次高尔夫球之外，他根本不运动。我得知这个情况后，特意约他去打网球，可他总是拒绝。最后因为我的坚持，他还是来了，他一脸憔悴地拿起球拍，总找不到位置。我总将球打到他的身上，让他经常摔跤，他非常生气地回击，但不懂得发球、打球的要领，经常摔跟头。也许是这次打球让他有了挫败感，他经常会叫我陪他练球。

按照约定，我需要在一个月内帮他找到希望，这个月底的最后一天，我们相约在网球场。我们都打得疲惫了之后，他边擦汗边开玩笑地问我："我还是没找到希望，医生，你是大骗子吗？"

我没有正面回答他的问题，只是问："最近你的睡眠怎么样？"

"还可以，至少能睡上 5 小时了。"

我继续问："那你现在知道你是谁了吗？"

"我是海伦啊！"海伦想了想后看着我说，"原来是这样，医生，你想告诉我，我是我自己？"

"首先你要清楚，你是人，不是一台机器，你需要运动，需要呼吸新鲜空气，需要吃美味的食物，需要感受生活，工作只是属于你海伦的一部分。从你打球的态度中可以看出，你是个好强的人，也非常有耐力。这就是你，跟其他人无关，就算你在工作上发挥的余地没那么多了，但你换个领域一样能取得你想要的结果，何必在一条已经变小的道路上加强马力冲刺呢？既然现在有时间可以喘口气，何不善待自己？现在的安逸不代表你的无能，只能说明这段时间比较顺利，但下一秒也许就是灾难。你需要有很好的心理准备，现在的你要做的不是让公司越变越强，而是让你自己越变越好。你的强大，才能决定公司的强大。"

海伦突然有了想法，他问："那希望是什么？"

"你现在最想要的是什么？"

"我想要一个健康的体魄，想要找个女人组成一个家庭，想要一个更好的公司，想要去国外旅行。"海伦看着我回答道。我笑着说："如果我一个月前问你这个问题，你会回答什么？"

"我会回答，我最想要工作。"海伦笑了笑，拍着我的肩膀说，"医生，你真狡猾，不知不觉让我改变了，我却像个傻子。我知道你说的希望是什么，原来如此——希望是不为别人，而是只为自己的一种愿望。"

"那你找到了吗？"

"当然，我是海伦，我该做自己。"

海伦比我想象的聪明，他的领悟能力也非常好，我一度担心他不知道我的用意，我就会失约于那个约定了。幸好陌生的领域让他不服输的心再次复活，做回了最初什么都不是的他，他才找得到自己，才明白过去他是抱着一种什么心态在生活，久而久之就会产生更多的愿望，这些愿望的叠加就是对未来的一种期待，即希望。

每个人在社会上会有一个身份，那就是职业身份，很多人会不记得我的名字，但他们会知道我的职业，我是一名心理医生。我第一次见海伦的时候，他做自我介绍时并未强化他的名字，而是强化了职业，他对于这个职业有着一定的优越感。

但也有些自由职业者更强调自身的存在感，他们会更清楚"他是谁"。

一般迷失自己的人都有一个通病——太在乎别人，而不是自己。他们会为了别人把自己给活累了，就连最初的愿望也都化为灰烬，到最后连自己都不认识自己了。

希望不会突然摆在你的面前，告诉你一定要坚持下去，一定要怎样生活；这一切都需要自己去寻找。它就像是一个宝藏，埋在心灵的最深处。如果忽视了，你将丢失自己；如果违背了，你会痛苦。

如果心灵的堡垒是个正方形，那么最底部的两个角，一边是你是谁？一边是你将成为谁那样？最顶上的两个角，一边是你现在希望什么？"一边是你将来希望什么？心理活动徘徊的时间会停留在现在与未来之间，正方形的中间则是你的选择。当你没有了希望，迷失了自己，这个正方形就会崩塌，直到连"你是谁"你都不清楚了。

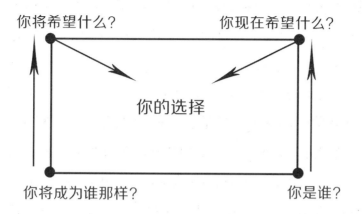

如果连"你是谁"这个问题都答不上来，会是件非常令人伤心的事。如果你回答"我是一名护士"，那么我会很遗憾地告诉你，"那只是你现在的职业罢了"；如果你回答"我是一个单身汉"，那么我会很遗憾地告诉你，"那只是你现在的婚姻状况罢了"。也许你会问："怎样回答，我才算是找到了自己？"

希望，你找到了希望，就是找到了自己。你要反问自己："你希望你的明天是什么样的？你会怎么做？"

记住，"外衣"下的你只是别人眼中的你，内在的你才是真正的你。海伦在他的朋友眼里绝对是个幸运儿，在他同事们的眼里，他绝对是个可靠的领导；但只有他自己心里清楚他过得多难过，他生活得多伤心，他连睡觉都找不到心灵的平静。在我眼里，他比任何乞丐都可怜，他丢失了自己，不愁吃穿的他心灵的堡垒却全部崩塌。越是表面看着活得很好的人，往往越是无法找到突破口，被他人的期望压得喘不过气的痛苦也只能自己忍着。

　　最后忍久成疾，心理的疾病比身体的疾病更让人痛苦难耐，身体的疾病会有药物来缓和，但心理的疾病则是时时刻刻地折磨着你。对于我来说，更害怕心里的魔鬼。

　　建立起心灵的堡垒不是那么简单的事，海伦花了半年多的时间才从迷失中渐渐开始建立起心灵的堡垒。他一直与我见面，他的情况在渐渐恢复，这是我乐于看见的。有次偶然的机会我还把凯瑟琳介绍给了他认识，凯瑟琳的乐观不知不觉感染了海伦，有次海伦向我致电感谢，说是凯瑟琳给他介绍了一个朋友，两人相处得非常好，近期正在谈婚论嫁，我也为他感到高兴。

　　当找到希望后，人会走上另外一条道路，偏离设定的轨迹，重新出发。

　　我从未想过海伦会这么快就找到兴趣相投的女人，世事就是那么难料，所以不要去规定自己一定要活成什么样才是自己；要学会用客观的角度去寻找希望，去感触自己的心灵。如果不幸走上了一条你不愿意走的道路，那么你能选择的只有忍受。我隔壁刚搬来了一位老奶奶，她的脚非常小，黄皮肤、黑头发，我每天早上都能见着她去买菜。我有次好奇地问："你是中国人？"

　　"是啊！"

　　"你的脚太小了，我都快看不见了，你为什么不让你的孩子帮你买菜？"

　　"我的脚是被绑了才这样的，很多年的习惯了。"老奶奶提着篮子与我告别后就走了，我看着她单薄的背影，心里有种说不出来的感觉。到底是什么原因，让她要忍受自己不愿意做的事情，而且还成了习惯？

　　我不想去深究，只是明白了一点：迷失了自己的人，总会习惯折磨自己，久而久之，眼里就只放得下别人了。

　　当自己的希望转移成别人的希望后，你将活在别人的设想中，为了别人的设想去完成一些你并不愿意但习惯了的事情。在希望转移前，请尝试找找你自己，以及属于你的希望。

　　◎　"外衣"下的你，只是别人眼中的你，内在的你才是真正的你。

◎第三章　设想希望

　　这天清晨，阳光特别明媚，克肖给我送来了我要的小白鼠，他双眼都快要睁不开地看着我问："你要这小东西有什么用?"我从他手里夺过小白鼠，兴奋地将它放进准备好的笼子里，我看着它在新家里活蹦乱跳的，心里一阵高兴，于是我搂着克肖的肩膀说："你看，小白鼠在我这儿是不是比在医院实验室快乐多了?"

　　"当然啊!在你这儿它不用吃各种药物，也不用担惊受怕哪天被药物给害死了，你慢慢玩吧!我走了。"克肖打了个哈欠匆匆地从我这里离开了。昨晚我听说他们几个哥们在实验室，所以一时兴起，让克肖一早给我送一只小白鼠。我妻子对于小白鼠有一种特别的偏爱，或许是受动画片的感染，她总认为老鼠与米奇是一家的，拥有童真的女人在我眼里是最可爱的，她们的思维会跳出成人的方圆，去更开阔的空间。

有童真的人会以一种最舒心的方式去释放自己的压力，可能是一只小白鼠，可能是一个动作，可能是一种语言，会找乐子的人总能把压力变为动力。

我妻子从楼上下来，就见我双手捧着关在笼子里的小白鼠。她高兴坏了，兴奋地问我："这是从哪里来的？"

我问："你喜欢吗？"

"你第一次允许我养老鼠，这是为什么？你中大奖了吗？还是有什么好事发生？"我妻子高兴地从我手中拿走小白鼠后给了我一个亲吻，就再也没有理会我，只顾着照顾根本不会说话的老鼠了，而这也是我不喜欢她养宠物的原因。不过我今天之所以这么做，正是期待她有这样的表现。一切都如我所设想的，接下来的几个月里，我将会非常忙碌，我需要更多的个人时间。

我即将把大部分时间运用在工作上，没有太多的时间陪伴妻子。如果她觉得我不在乎她，那我就遇到大麻烦了，为了避免这种情况的发生，我只能包容这只小白鼠的存在了，虽然它不只有味道，而且还会钻进我的袜子里，但只要妻子喜欢，这就够了。

在接下来的几个星期里，我妻子照顾那只小白鼠已经忙得不亦乐乎，根本无心顾及我的存在。她时而给它添置玩具，时而给它喂食，时而带它出去溜达。我从未想过老鼠也是有灵性的动物，竟然分得清楚我的手与我妻子的手。在这段时间里，我能专心做我的研究，也按照约定的时间提交论文了。工作松了一口气后，我才突然意识到，我需要感谢这个小家伙，它给我的妻子带来了快乐，为我带来了空间。

我这种行为是一种提前设想并提前预防的行为，如果我没有带回一只小白鼠，那么我妻子一定会因为我长时间不在家而感到孤单，或者会因此感到不安；她会猜忌，会愤怒。为了安抚她，我会需要花费很多的时间，然而因为工作紧急的关系，我根本没有太多的时间来安抚她，那么我们必然会发生争吵，就算没有争吵，她也一定会感到心里难过。

为了避免这些我设想的情况发生，我必须采取一点措施。在我设想的这个过程里，我会从设想希望开始起步。肯定有人会问，为什么要去设想希望？

希望的存在是人抉择的动力，有了自我才更懂得抉择；可往往一个人并不那么顺风顺水，阻力是随时随地都会来临的。人，自打哭着喊着到这个世界上来，首先要面对的问题就是阻力，这些阻力源于身边，有外界的，有内在的。如果一个婴儿身体不好，那么他将与死神决斗，死神就是他希望活下去的阻力。

人在每一个阶段会有每一个阶段的阻力，这些阻力也许是善意的，也许是恶意的。就像我妻子对我的爱，那是善意的阻力，虽然我明白她是爱我才会因为我而失落，但是这样会阻碍我紧张的工作，所以我必须想到一个两全其美的办法让她明白我的爱，以便尽快完成手上的工作。

当有阻力的时候，许多人将选择逃离或者抱怨，这是常见的一种心理情绪。但这样的情绪对问题本身并没有任何的帮助，如果我选择与妻子争吵，怪她不懂我的工作，那么我们一定会因为观念的不同而引来更大的争吵，也许会因为这样一件小事情闹到不可收拾的地步。

任何问题都不可能自然而然就解开了，需要我们一步一步去做。曾经我听一位朋友说过一个关于馅饼的故事：

有一天上帝遇到一位穷人，那位穷人非常慵懒，他不乐于用劳动来换取粮食。他先是卖掉了身边的羊，然后卖掉了家具，最后连房子也卖掉了。他总在抱怨上帝的不公平，抱怨老天为什么将他所有的东西都拿走。

上帝走到这位穷人面前，问："你为什么觉得我不公平？"

"我本来就是一位穷人，父母留给我的羊都换成了食物，房子也卖了，我现在一无所有了。为什么有的人一生下来就有吃不尽的食物，而我却要挨饿？"穷人非常不服气，他边说边捶胸哭诉。

上帝继续说："那我现在免费给你一块永远都吃不完的馅饼。"

穷人非常高兴，他伸出了双手，等待着给予。上帝这个时候摇了摇头，笑着说："在这之前你必须建造一架梯子，你抬头看，馅饼就在那里。"上帝指着天空上的一片云，穷人面有难色地想了想后，还是决定按照上帝说的去做——如果做一架梯子就能得到永远都吃不完的馅饼，这笔交易绝对是值得的。

过了几天，穷人实在饿得不行，为了建造梯子，他开始学习做木工。有了工资后，他就能购买食物。他将工资分为两份，一份用作日常开支，一份是买梯子所需要的材料与工具用的。

木工的工作他做了一年，渐渐从一位新手变成了一位熟练的木工师傅，工资也随之增长。他开始将工资分为三份，一份是生活的日常开支，一份是做梯子所需要的材料与工具，一份是储蓄。

他的梯子渐渐建造得有模有样了，他经过 5 年的时间从一位穷得只懂伸手要东西的懒人，成长为一位成功的木工；他拿的薪水足够他填饱肚子；他现在拥有的一技之长，足以让他活得更好。他看着已经做好的梯子，对上帝说："我已经可以养活我自己了。"

"那你不要这块免费的馅饼了？"上帝问。

"上帝，我现在不饿了。我现在想追求的更多了，我要房子，要车子，还要足够的资金。"穷人看着上帝继续问，"您能给我吗？我现在已经做好梯子了。"

"很遗憾，梯子只能让你拿到馅饼，如果想要房子，你首先要做一条大船。你看，房子就在海的那边，如果你拿到了，就会是你的。"上帝笑着说。

穷人说："好吧！我什么都不要了，等我能造出一条装得下一栋房子的船时，那我应该已经有房子了。"

穷人再也没有伸手向上帝要过东西，他终于明白了，天上掉下的永远不会是馅饼，而是一个接着一个的难题。这些难题足以让他成长，也足以让他得到他想要的东西，而推动着他去解决这个难题的就是希望。

在这个故事里，穷人最后找到了存活的方法，而让他继续存活的正是无止境的希望。他首先希望能填饱肚子，为了永远填饱肚子，他开始做木工；渐渐地他开始转变希望，填饱肚子已经不能满足他，他开始需要房子；随着他的成长，他还会需要更多的东西。上帝教会他的一件事，就是自己解决。

该怎样面对问题？

逃避往往是每个人遇到问题时的第一反应，这是人的一种本能，随之而来的是糟透了的心情。你会问，为什么我这么倒霉？为什么上帝要这样对我？

但再怎样咆哮都无法解决已经出现的问题，这一点其实每个人心里都清楚，不是吗？但总有些情绪需要去宣泄，宣泄完了才发现自己干了一件多么傻的事情。

有人会说："我可以控制情绪啊！"

控制不发怒？控制难过？控制抱怨？控制一切？不论如何，我认为一般人需要很大的勇气才做得到。我是一名心理医生，人们普遍会认为我十分懂得掌握自己的情绪，掌握身边人的情绪。不可否认，确实有帮助，但也不见得每时每刻都如此；有缺陷才是完人，太过完美的人会存在得没真实感。

就像有一次，我的妻子将我心爱的模型毁得连骨架也看不见了，我有那么一刻真的很想否定她给我带来的快乐；但我明白，只有拥抱才能化解我此刻的恼怒，以及她此刻的愧疚。可我还是忍不住数落了几句，直到她也开始发脾气，我才意识到情绪根本无法控制。我们将事情越吵越大，越愤怒越难收拾此刻的局面。最后我选择了沉默，她也不再理会我。

从那件事后，我们花了很长的时间才修复了这段争吵所带来的伤害。一次不理智带来的问题是处于逐渐增加状态的，如果缺乏耐心地去解决这个问题所带来的后果，就会影响整件事的发展。从这件事之后，我开始学会如何提前设想希望，我希望我的妻子不要再破坏我的心爱之物，所以我提前将我所重视的东西放得更高，以至于她根本拿不到的位置。

自从我这么做之后，再没有发生过一次妻子将我的东西弄坏的情况，这让我开始对设想希望有了进一步的思考。我觉得这种方法如果有效地运用到生活中，会减少许多不必要或者本来可以预见的阻力，这些阻力会随着我们的设想减弱，使我们能更好地去解决问题。但如果你是个懒人，就像上帝遇到的那位穷人一样，上帝能给你的也只是希望罢了。你需要去用自己的脑子想，怎样让希望离自己近一点，怎样让阻力小一点。

希望不会因为你想要就靠近你，只有你实实在在地去努力了，才会是你的。那位穷人如果不去做木工，那么他就永远无法得到那吃不完的馅饼；但当真正快要得到这个馅饼的时候，他的希望又发生了改变。人的人生轨迹是会因为自身的遭遇而发生转变的，这种转变有好有坏，然而在这里我要说的是如何让事情离自己的希望近一点。

希望总是美好的，然而人生的轨迹不会因为你有所期待而为你改变，你只能顺应实际情况采取点措施，就像我不可能要求我的妻子喜欢我的一切，或者让她对我所有的爱好都满意；我只能在她不喜欢的前提下，让她尽量接受。

上帝总有法子让懒人行动起来，这种力量源于希望，这是人内心深处的一种愿望。如果那个穷人不追逐吃不完的馅饼，他就无法实现不会饿肚子的愿望。对人对事我们都应该学习上帝的做法，给别人最想要的，让他按照你的想法去做；或者给自己最想要的，让自己的未来跟着设想的希望走。

第一步，你需要了解你希望什么。

我之所以能让我的妻子给我更多的时间，是因为我知道她遇到什么事情会有怎样的反应，会带来怎样的后果。正因为我对她的了解，才会将我所设想的希望完成。了解一个人其实并没有那么复杂，有些事情如果想得太复杂，你将不敢踏出第一步。

了解自己也需要一段很长的过程，你真的对你自己很了解吗？也许不一定。我们总在一个发展的曲线里寻找着新的自己，每一个时段，我们都将拥有新的自己。所以不仅要更新身边人所提供的信息，还要熟悉自己的身体和心理所反馈的信息。比如，曾经你喜欢吃牛肉，然而现在你对牛肉的喜爱程度远远不如奶酪，那么你就要开始重新审视自己，想想在这段时间里你发生了哪些改变。

将这些改变记录下来，你才会更懂你自己，更明白你自己的希望是什么，这样才能按照你所希望的去行动。如果连你都不知道自己将怎么做，怎么想，那这个世界上就再也没有人能帮你解决这个问题了。

了解自己的希望是第一步，敢于面对崭新的自己，才能好好地走未来的路。不管这个崭新的自己你喜不喜欢，还是这个崭新的自己你认为糟透了，但由于这是你自己的所想、所悟，所以必然有其存在的意义。你要明白这个意义，然后开始进行调整。我记得克肖从前并不是个酒鬼，他的变化是从一年前开始的。

当时我们已经是朋友了，偶尔会一起打球，聊天。但渐渐地他约我的地点换成了酒吧，每次他都要喝上几杯才肯回家。我出于好奇问：

"我怎么不知道你这么喜欢喝酒？"

"我也是最近才发现我原来是个酒鬼的。"克肖挠了挠后脑勺，继续说，"以前年轻，一心想着工作，现在会期待更多休息时间，喝酒会让我的休息时间变得很长，感觉像度过了一个季节一样。"

他就这样变成了一个酒鬼，有时候人的改变真的只是一瞬间的事，明白了，有想法了，就变了。有时候我都不认识眼前这位老朋友了，他总是发生着我不知道的变化。

我身边有很多的朋友，他们不常与我联系，再聚会时，每个人都发生着变化。当我年轻，还是学生的时候，我们讨论的话题总会围绕着去哪玩；而现在我们在一起会讨论家庭、学术、生意，各种领域的东西。人慢慢地成长着，眼界变得不同，心态会变得不同，希望也会变得不同。就像那位穷人，在他饿疯了的时候，他只想要一个吃不完的馅饼；然而等他不再饥饿的时候，也许他会挑剔食物的种类、食物的干净程度。经济实力越强，对于物质的要求也会随之提高。

这不是他因为富有而产生的一种奢侈，而是他自然而然的一种希望的变化，这在每一个人身上都会发生。经常能听到一句话："如果我是他，我会如何如何。"其实真正到了那一天，未必会像你说的那样。

每个人都自以为很了解自己，其实不是，每个人的变化是无声无息的，也许等你看看镜子里的自己，就会发现原来你的变化这么多。

别害怕，这是正常的，变化是时代的需要，是生活的必然。在这里我要恭喜你发生着变化，因为有了这些变化，你就有了静下来看自己的时间。问问自己，你希望什么？你到底是谁？

第二步，你需要了解别人希望什么。

"了解"二字听起来就是非常需要时间的，但了解也分许多种，对于自己而言应该是一种深度的了解，至少你要清楚你想干什么，希望得到什么；但对别人的了解，可以是初步或者不那么深的，你只要知道他的喜好，以及他希望近期得到什么就可以了。

我的妻子因为从未养过老鼠，一直非常好奇养老鼠会怎样，如果她以前养过，也未必会有现在这样高兴。或许这一次养了老鼠后，她就再也不会喜欢老鼠这种动物了。要设想希望，就一定要考虑全面，了解后再行动，否则就是一场空。

克肖就曾做过一件让我发笑的事情。他的母亲一直以为自己的儿子是个沉稳内向的人，但有一次他喝醉了酒，一时兴起买了一件礼物给他的母亲，他母亲打开礼盒一看脸都绿了。我问他到底给了他母亲什么东西，他告诉我，他送了她母亲一条男士的内裤，从那之后，他的母亲每次见到他都要提醒他酒不是好东西。

因为母亲的唠叨，他觉得很懊恼，经常会向我抱怨他母亲并不理解他，也不体谅他。我只能拍拍他的肩膀安慰他。这件事还不算他最不如意的，有一次他为了准备他妻子的生日，买了一个大蛋糕，还有满桌的海鲜，但他忘了他妻子吃海鲜过敏。他妻子为了不让他失望，勉强吃了海鲜，却进了医院，本该开心的日子，两人却在医院度过。从这以后，他开始留意身边亲人的喜好，还专门弄了一个小本子记录。有时候我觉得他的生活挺让人羡慕，总有很多有趣的事情发生。

我在这里提到克肖是为了说明一点，如果你对身边的人不那么了解，就会发生很多让人尴尬的事情。去了解别人需要耐心以及观察力，一般人不会明说"我要什么""我想干什么"或"我希望从你身上得到什么"。这些问题的答案都需要我们从细节里去寻找，也许是一个眼神，或许是一个动作，应该在他的所有肢体语言里去探索他到底是喜欢还是不喜欢。

有时候说出来的话，未必是真的，我们要渐渐去分辨，发现别人心灵最深处的希望，我们才能满足，并且让情感升华。一个人的希望无非应从几点去探索，首先，一个人对食物的喜好，就是一个人对于物的喜好。其次，我们就要考虑他希望你怎么做。

满足他们所要的希望，你就能让他们跟着你的步伐去行动，这种行为可以定义为设想希望。那么，为什么要说是设想?

设想是有根据的猜测，我能知道我妻子喜欢老鼠，可我并不能断定她乐意去养，所以我需要孤注一掷。如果她只是想玩一玩罢了，那我送她老鼠这件事就没有达到我开始设想的效果。

要设想希望，就要掌握更全面的信息，不管是说话，还是行为，都要直入他人的心，才能让别人满足你的希望。其实我向来赞同以情感交流的方式来进行设想，比如，我给她一个吻，她会不会给我一记耳光，还是会因为这个吻而对我的心有所了解?

人内心的希望一般分两种，一种是物质希望，一种是情感希望。

物质希望比情感希望更容易达到愉悦他人、满足自己的目的。送一样他非常想要的物品，就能让他对你心存感激，然后满足你所有的要求，这种做法不同于贿赂，但等同于讨好。只有先讨好身边的人，才能让自己的路走得更顺一点，身边人的阻力是不可预计的。

要满足第一种希望，可以通过观察来得到足够的信息，这件事非常简单，只要你记得他说过的话，记得他重要的日期，记得他的喜好就行了。最复杂的是第二种，情感希望。

情感希望，是一种人对感情的渴求，不局限于情侣之间，还有亲人、朋友，都是感情网络的重要组成部分，这些关系网络围绕在你的周围，虽然随时可以见到，可也是最难掌握的。毕竟大家不是每时每刻都在一起，你根本无法预计别人的改变，只能通过一次次的聚会、见面，才能了解他们的现状。朋友不比亲人与情侣，他们多但分散，有些朋友一年也许只能见上一面，有些还有可能一年也见不上一次。

面对这样的情况，不要感叹你的朋友越来越少，我们的人生道路上会有很多人，而这些人不一定每个人都会陪我们走到最后，只是在与他同行的时候，我们要让这份感情更好地发展下去。不管是对于朋友，还是恋人，或者亲人，他们都对我们有一定的希望。父母希望孩子健康，并且回家陪陪他们；恋人希望你能多爱他一点，多对他好一点；朋友希望你有空多出来聚聚。每个人只有 24 小时，如何将这些感情处理妥当，才是一门学问。

爱人，朋友，亲人，这些周边的人，都需要我们花时间去经营。感情是件复杂而需要时间的事，在这里可以教给你一个方法，你明明知道他希望你这么做，可你此刻不能满足他，那么你就要让他按照你所想接受你的行为。我认为利用设想希望的方法最可取，你知道他希望你前往 A 点，你却不能去，只能通往 B 点，那么你可以让他通往 C 点，在 C 点等你从 B 点过去，这样就能解决目前的矛盾。要做到这一点，就需要结合我刚才所提到的物质希望与情感希望。

让他不管是从外在还是内在都不会成为你的阻力，而是成为你的助力。

设想希望要从最实际的问题出发，解决问题，达到最终的目的。如果你是个懒人，也许你会遇到一个给你希望的上帝，但是每个人都不可能那么顺利，上帝也很忙，没空让你来提问题。那么我就该给自己一个规划，设想到底想干什么。

并且为了这个想法，或者目标，排除一切难题，包括可能成为你阻力的亲人、朋友、爱人。不是用争吵的方式让他们懂你，而是用最原始的方法，满足对方的方法，让他避开你所要走的路，让他等等，等你完成了你所想做的，再回来一起走。

有时候，不要渴求所有人都懂你，你要懂得每个人的想法都是独立的，即便因为相同而成为了朋友、恋人，他也不可能是你，所以，你的任何行为都属于个人行为。要知道自己所要的，追求自己所想的，身边的人只是你的助力，不要让他们变成你的阻力。学会用宽容的心来设想未来，既然问题是逃不掉的，我们就用最好的设想让希望成为现实吧。

不需要太多，你只要明白你自己就够了。

每个人都该走出自己的路、自己的风格，就算有人与你同行，他也不可能成为你。让身边的人变成你的助力，会让你更轻松地走下去。

在埋怨上帝不公的时候，请想一想，你是否开始时已经预料到了结果，但没有做过任何的尝试，甚至没有静下心设想一下他的希望和你的希望之间是否存在矛盾，你又该用什么方法去化解。如果没有设想过，没有努力过，没有考虑过，就不要埋怨他不懂你。他不是你，不会爱上你的全部。

◎ 他不懂你，他不是你，不会爱上你的全部。

◎第四章　希望是活着的动力

　　每个人生下来时都是带着啼哭声落地的，那预示着我们将与灾难抗衡，与危险相伴。我们的声音越响亮，就越彰显着我们的活力，当生活的阻力来袭时，我们只能用我们的希望去抵制目前的灾难。我已经说过要如何找到希望，在这里，我想说说什么才是活着的动力。

　　有一个故事，是关于一个黑人女孩的，她并不那么幸运，儿时就得了小儿麻痹症，左腿瘫痪。当时她非常绝望，她失去了孩子应有的欢乐和幸福。随着年龄增长，她的忧郁和自卑感与日俱增，她拒绝所有人靠近。

　　她每天过着重复的生活，对生命没有任何的希望，不好奇外面的世界，不想走近任何人。她的生活陷入了一片阴霾，活着对她来说就是一件毫无意义但又无奈的事情，过于悲观的她每日总不苟言笑。她常常问母亲的话是："我该怎样活下去？"

她母亲则会将她抱入怀中亲吻着她的脸颊，告诉她："会好的。"她常常陷入自怨自艾的情绪中，不想治疗，对未来毫无兴趣。她就像伯德那样，觉得缺陷是她的羞耻，她不懂什么是希望，更没有一个"伊格尔"告诉她该如何找到希望，她对未来充满了恐惧。

直到有一天，她正坐在屋前草坪上晒着太阳，一位断了胳膊的老人进入了她的视线。她好奇地看着他脸上的笑容，不由自主地主动与他打招呼："先生，你在笑什么？"

那位断了胳膊的老人看向她说："今天天气太好了，我很高兴，不知不觉就笑了出来。"

她抬头看了一眼天空，在她眼里除了太阳大点，根本看不出有什么值得高兴的。但与乐观的人相处会有一种不自觉的快乐，于是她望向那位老人说："我们做朋友吧！你也是住这边的吗？"

"好啊，我刚搬来不久。"断了胳膊的老人笑着说。

就这样，她有了人生中的第一位朋友，她常常找这位老人聊天，他们什么都聊，她喜欢听这位老人说他以前当兵时的事情。老人的胳膊就是因为战争而失去的，但在老人的口中并未听到抱怨战争的话，相反总是爽朗地笑。这位黑人女孩渐渐开朗了起来。

一天，老人用轮椅推着她去附近的幼儿园，操场上孩子们动听的歌声吸引了他们。一首歌唱完，老人说："我们为他们鼓掌吧。"

她吃惊地看着老人，问："你只有一只胳膊，怎么鼓掌啊？"

老人笑了笑，解开衬衣扣子，露出胸膛，用手掌使劲拍了起来。她突然感觉身体里涌动起一股暖流。老人说："只要努力，一只巴掌一样可以拍响，你也一样能站起来。"

那天晚上，她写了一张字条，贴到墙上：一只巴掌也能拍响。她开始配合医生做运动。9 岁那年，父母不在时，她扔开金属架，试着走路；11 岁时，她终于告别了金属架。

她又开始向更高的目标努力，从事篮球和田径运动。1960 年，罗马奥运会女子 100 米短跑决赛上，当她以 11 秒 18 的成绩第一个撞线后，掌声雷动，人们都站起来为她喝彩，齐声欢呼这个美国黑人的名字——威尔玛·鲁道夫。那届奥运会上，威尔玛·鲁道夫成为了世界上跑得最快的女飞人，共摘取三枚金牌，被誉为"黑色瞪羚"。

我相信大部分人都听过这个故事，但有多少人会为这个故事去思考？

这个故事告诉我们，只要心存希望，就能发现努力的方向。起初鲁道夫只想站起来，后来她想证明自己，所以选择了田径运动。她的故事就像是一个传奇，可就是那么真实地发生在了我们的生活之中。每个人都曾沮丧过，绝望过，但遇见了希望，看见了希望，乐观就自然而然会产生了。

故事中这位老人的乐观非常可贵，他经历了残酷的战争，经历了很多的灾难，但值得庆幸的是他有一双善于发现希望的眼睛，这双眼睛太可贵、太罕见。他从不放弃，他用自己的努力证明着自己的价值，他教会鲁道夫的只是一个道理：你努力寻找希望，希望就会成为你的动力；如果你放弃，就会觉得活着只是没有意义的一件事。

我常常听到我的病人说一句话："我觉得我就像行尸走肉。"

人在什么情况下会觉得自己像具尸体？

　　像鲁道夫这样的情况还是有特殊之处的，她拥有疾病，所以难过，所以绝望；但在当下，许多上班的白领也觉得自己活着毫无意义，在全世界范围内自杀率都在上升，每年有 100 万人死于自杀，每 40 秒就有一个，这占去了所有因暴力死亡人数的一半。现在自杀的人数要多于在战争中的死亡人数，自杀的原因大多都源于"无聊"。

　　身体健康的常人比得了疾病的病人更容易死亡，这是值得全世界思考的问题，到底是什么造就了这一群如"僵尸"般的存活者？

　　我曾将"你为什么活着"这个话题放在互联网上，很快就得到许多网友的回复，最让我印象深刻的有几位，第一位回复：因为死不掉所以活着；第二位回答：准备死，没找到好的死法；第三位回答：等觉得活着无聊时就去死。

　　这三个回复时间都在凌晨之后，看来是年轻人的回应。这让我突然想到一则新闻，是关于新泽西州罗格斯大学一位 18 岁新生克莱曼提的自杀事件，当看见这则新闻的时候，我非常难过，18 岁是人生刚开端的年纪，却只剩下遗憾。想起这则新闻，我立马回复了这三位回复者，我邀约他们一起来与我聊聊，没想到他们全都同意了。

　　在我家附近的咖啡厅我见到了这三位回复者，他们与我想象的有差距。回复"因为死不掉所以活着"的，竟然是一位 60 岁的老奶奶，她相貌端详，根本想象不出她会这样想；而回复"准备死，没找到好的死法"的是一位 20 岁的小伙子，他看起来充满阳光活力；最后，回复"等觉得活着无聊时就去死"的那位没有来，她让这位 20 岁小伙子给我带了一封信。我打开信封，看见了那清秀的字体，凭着字体感觉，她应该是个非常漂亮的女孩，信中所写：

非常人：

　　你好！

　　我很高兴你邀请我出来与你见面，但我真的觉得活着没意思，连见你的心情都没有。就像我们在网上所说，我已经一无所有，虽然四肢健全，但我却并不是完人。我的心冷了，死了，活下去对我来说就是一种折磨，所以，再见，我在地狱等你。

稻草人

　　看到这封短短的信，我心里有种不好受的滋味。我不认识这个孩子，更不懂她的世界，但我们在网络上进行过深层的了解，我只清楚她是个正常的女孩，不曾有过身体上的疾病。她比健康人还要健康，却选择了自己结束生命。她觉得活着就像一具木偶任人嘲笑，任人摆弄，这让她失去了活下去的兴趣。如果真要说她有什么心理疾病，也只能用想不开来形容。就是这么一个健康的人，因为无聊，因为无趣而结束了自己的生命。

　　我看向剩下的两位，他们喝着咖啡，如正常人一样交谈，这让我后怕：到底这个世界上有多少人前一秒是正常人，后一秒选择自杀的？

　　这不算病，他们没有郁郁不安，也没有发狂到无法控制。他们选择死亡是出于一种无奈的埋由：活着太无聊了。

　　在聊天中，我知道了60岁的老奶奶名叫安妮，她早年失去了老伴，儿女又在外地打拼，长年不回来看望她一眼。她身体健康得就像年轻小女孩，据她所说她已经习惯了运动，一时半会儿也改不了，以前有老伴陪着她一起运动，但现在每次晨练都会很难过，有想过自杀，可身体还健朗，这么死了，她觉得太可惜了。

那位 20 岁的小伙子名叫厄尔，刚上大学的他什么都挺顺利，没有太多的想法，只是想死那么简单。我问他："为什么？像安妮是失去了老伴才觉得活着无趣，你的人生明明刚刚开始，为什么现在就要选择放弃呢？"

厄尔说："先生，你不懂年轻人的苦恼，看上去我们好像没有烦恼，其实我们的矛盾比很多人多得多。就像稻草人，她比我还小，按照你这样的说法，她就更不可理喻了，有时候就是无聊到想死，这是没办法的事。"

听完他的话，我难以置信，他竟然说得那么理所当然，就好像死亡是一座桥，我们只是从这里到另外一个世界罢了。我继续发问："那你们现在活着的动力是什么？"

安妮笑了笑说："能有什么动力？不就是起床就运动，运动后就吃饭，吃饭后就睡觉，睡觉后又起床嘛！每天就这样活下去，根本不知道为什么活着。"

厄尔则一手抱胸想了很久才回答："可能是那该死的呼吸吧！我每次都想着，能不能一闭眼睡觉就死了，这样省得我费劲。"

我给他们递了一张名片，上面有我的联系电话、职业、诊所的位置，他们看着我的名片，非常惊讶我是一名心理医生。在他们印象中，心理医生都是不善于交谈的，没想到我竟然可以像朋友一样与他们聊这么久。他们也曾去看过心理医生，大多的心理医生都是以一种"你病得不轻"的眼神看他们，还给他们开些镇定抗抑郁的药丸，这让他们烦透了心理医生这种职业。在他们眼里，他们全是骗子。

　　知道我的职业后，他们明显警惕了许多，安妮拿起了自己的包，看她的样子是很想离开，厄尔也一样，他们都非常不愿意再与我交谈下去。我非常耐心地解释了我这么做的意图，说我只是想找到几个人帮我证明一下希望与动力的关系，厄尔好奇地问："先生，你真有办法让我们活得不那么无聊？"

　　"但愿如此。"

　　两人很乐意地接受了我的免费咨询与引导，我约了他们第二天来我的诊室进行心理测验。结果让我非常意外，两人都只是有轻微的抑郁而已，而在我看来他们的病情比这份测验的结果显示的要重很多。但测验就是这样告诉我答案的，它不会说谎，于是我分别与两人进行了交谈，了解到安妮喜欢种花，而厄尔喜欢打篮球，我分别要求他们对于自己的爱好进行一个规划。

　　安妮要以开花店为希望而努力，厄尔要以进 NBA 为希望而努力。

　　他们答应我，一周来汇报一次追寻希望的进展，我为他们制定了每日希望表格，他们必须把每日所希望的写在表格之内，并且完成它。如果没有完成，需要写出原因。两人开始照着我所说的去做，渐渐地他们的希望多了起来，起初安妮只是希望自己所种的花不要死，后来她渐渐开始学习新植物的种法，对我说她能开个花店的希望有了一些自信；而厄尔从开始每天找人练球，到渐渐进入了校队，他会希望下一次比赛能够胜利。他们都在慢慢将希望延伸至我所为他们规划的希望之中。

　　一旦完成这个希望，我相信，他们就会有更多的希望想去完成。

我非常期待他们的变化，过了半年后，我再次找他们出来聊天，他们爽快地答应了我的邀约。我们在最初认识的咖啡厅约见，两人依旧开朗有活力，但唯一的不同发生在我问"你为什么活着"时。

安妮说："我还有很多事没做完，我家的那些植物没了我的照顾会死去，我的花店也要等着我来经营。我要是死了，它们会难过。"

厄尔说："活着就是让生活更好一点，我们队都拿了 3 次区冠军了，我们在争取 4 连冠。他们对我说，没我这个小前锋还真不行。"

这次交谈过程中我们都很愉快，他们比以前更健谈、更有生活的希望了，至少他们知道明天该做些什么、该怎么做了。被身边的人或物需要是一种活下去的寄托，也是希望的载体。他们相信希望会实现，所以为之努力，变化就是那么微妙而神奇，我们不要因为无趣而否定活着的意义，你也许只是缺少动力罢了。

希望是你的目标，也是你的动力，它会带你走上你想走的道路，如果你找不到它，就按照我先前教给你的方法，规定自己做些什么。就像伊格尔那样，明明知道失去了双腿，可他还是会选择每天记录他力所能及的事情；如果鲁道夫没有寻找到希望，那么她将永远不会努力尝试站起来。既然不努力，为何要抱怨得不到呢？

意大利幼儿教育专家蒙台梭利曾说："我们一出生就有一个精神胚胎，我们从小就会在这个精神胚胎的指引下，做出适合自己的选择。"

很多人都不清楚这个精神胚胎的存在，这是希望的种子，随着成长，反而遗失了最初的想法。这个想法至关重要，它取决于你的选择，不管是外在因素，还是自身因素。人每天的成长会影响这颗种子的生长，当你有一天遗忘至深处的时候，你会怀疑活下去的意义。这一天，它枯萎了，但是你要相信，它的枯萎是因为你的遗忘。然而，当你记起来，那么它就会像精灵一样，又活在你的心中。

我非常惋惜稻草人的离去，她只是一个看不见自己内心希望的孩子。她太早地决定放弃，所以她见不到别样的蓝天。

生命是上帝的恩赐，就算活在无趣之中，你也能找到希望，运用这种力量，变成你的动力，只要你努力去做，总有一线希望。如果鲁道夫通过努力依然没有站起来，我相信她会每日每夜地去努力，直到她站起来的那天为止。在她心里的那颗火苗已经复活，她相信，只要努力，一只巴掌也能拍响。做我们力所能及的，就是最值得歌颂的。

活下去的动力，取决于你的态度，你觉得无趣，连寻找、连努力都不想去尝试，那么你会想终结你无聊的生命。然而你哪怕肯付出一点点的努力，相信一点点的希望，总会比现在活得快乐。我认为找到活着动力的人，未必是最聪明的人，也有可能是很愚蠢的；但是他们所拥有的是信念，是希望。你如果四肢够健全，生活够无忧，家人都健在，还觉得活着无趣，那只能说明你根本没有能发现希望的眼睛。

想要找到活下去的动力，首先你要有双能发现希望的眼睛。看着一群小孩路过你身边，你如果想着他们有一天会成为老头，那么你的想法就是悲观的；如果你想着他们有天会充满活力地生活，那么你的想法就是乐观的。你心里的那块沼泽决定着你看待任何事物的眼光，一位漂亮的女孩在你面前，你总想着她也许是个坏女孩，那么永远都不会靠近她；但只要你相信，她或许是个美丽并且善良的女孩，那么你就会试着去了解她。

在你还没了解过、还没真正生活着的时候，你怎么敢说无聊呢？此刻我再也无法对那位网名为"稻草人"的女孩说这些话，但我可以对下一个"稻草人"说："你真的活着吗？既然没有真正的活着，为什么要否定活着的含义呢？孩子，醒醒吧，你只是缺少一点儿动力，没有那么严重。你还可以更好，相信希望，别再否定，不要用"不"来看世界，尝试说行，你会发现这个世界没有你想象的那么糟糕。"

莱斯·布朗是个我挺喜欢的家伙，他总是自嘲身上的缺点，如果你能学着像他那样，会发现你比他幸运得多。他不是个幸运儿，一出生就遭父母遗弃，稍大一点又被列为"尚可接受教育的智障儿童"，他实在有太多太多的理由自暴自弃。可是他没有，他坚持做着自己，他相信希望，相信自己。布朗决定加入演讲会，为每一个像他一样被"瞎了眼的命运女神"无情捉弄的不幸者呐喊，让每一颗怯懦的心都滋生出进取的勇气，让每一个平凡的生命都散发出向上的力量。他坚定不移地这么做着。

布朗很有自知之明，他知道自己没有过人的资质，没有个人魅力，也没有经验，要获得演讲的机会，只有一天到晚给人打电话，有时一天会打一百多个电话，请求别人给他机会，让他去演讲。就这样，日久天长，布朗的左耳硬是被话筒磨出了茧子。

现在，布朗成了美国最受欢迎的励志演说家，他的演讲酬金高达每小时2万美元。一切都如期而至：掌声、鲜花、荣誉、金钱……

布朗笑了，他摸着左耳上的茧子不无得意地说："这个老茧值几百万美元哩！"

他常喜欢说的一句话是："不要让别人的眼睛看对了你。"

他是个桀骜不驯的家伙，总走着自己的路，让别人去嘲笑。正是因为这样的精神，让他的生命无比精彩，他的努力化作茧子，最终实现了自己想要的。我不善于说励志的故事，也不喜欢去强调人该如何积极，只是喜欢这一句话——"不要让别人的眼睛看对了你"。我在这里提到这个老头，也只是为了强调这句话的重要性，你希望的动力会因为外界开始质疑而变得自我怀疑。

渐渐地，你会开始问自己："我真行吗？""我真该活着吗？""我真那么有价值吗？"

朋友，你该清楚地知道，为什么你要开始否定你自己？为什么要把你动力的钥匙交到别人的手里，这难道不是你自己应该掌握的宝贵财富吗？

好好地深思一下布朗常说的这句话："不要让别人的眼睛看对了你。"

如果有人说你是傻子，你就真是傻子了吗？如果你相信他说的，那么你真有可能成为傻子了。别人的眼光只局限于你现在的发展，他怎么可能知道有一天你会与众不同呢？安妮也曾告诉我，她都这么老了，开花店也没有太大的用，我却告诉她，有太多的人需要她的赠予，如果她开了花店，愿意拿出一部分花每天送给慈善机构，给他们做活动，那么就是在用最微薄的力量帮人。

她很感谢我的提议，也这样做了，有一次她在网上告诉我，她竟然被评为最善良的女人。

其实我觉得安妮是我见过的最可爱的老人，她懂得用电脑，会去逛论坛，她的心就像个孩子，但她却没有发现自己是那么与众不同。

把安妮放在大街上，所有的人应该都会认为她只是一位失去了老伴的可怜老奶奶，可，她却是那么的不平凡，她懂得电脑，懂得园艺，懂得许多人不懂的事情。光看她的外表，光凭她出门去超市，一般人怎么能发现她的不同？所以，不要去盲目认同周围人对你的评价，他们看到的也许只是你的一面，而你有很多的面不需要太多的人去了解。你只需做好你自己，终有一天，他们会发现你的与众不同。

你要做的只是坚持相信希望的动力，相信有一天你的希望会成为现实。

成功的人都是从平凡人开始的，也有命运非常糟糕的人们，他们被上帝所遗忘，生活过得非常坎坷，比起那些遭遇悲伤的人，其实有很多人都是幸运儿，他们不曾有过生命的威胁，不曾有过疾病的困扰，一生都风平浪静，就是因为过于平凡，而否定即将实现的希望，你为什么要去认定自己是平凡的？

你凭哪点认定自己是平凡的？按照生老病死的顺序，其实每一个人都是平凡的，每一个人都逃不过生老病死。如果这个是理由，那么你就错了，每个人都有存在的价值，不可能每个人都会成为伟人，但成不了伟人并不代表你就平凡了。每个人都应该是不平凡的，至少你要懂得看自己，你都认为活着无趣了，谁也救不了你。

你要找到希望，并且为之行动起来。光希望而不努力的人，是永远改变不了现状的，他们只会被希望所遗弃，渐渐地你就会遗忘你曾希望过要成为谁。

在时间的流动下，你已经分辨不清你该如何活下去，最后你变成了你从前所摒弃的那种人，这不是谁的错，而是你自己的错。你最大的错不是你能力不够，而是你忘记了开始的希望。你没有为这个希望而开动自己的脑筋，没有为了这个希望而全力以赴，既然是这样，请不要抱怨上帝，上帝太忙了，不会找到每个人给他们一次希望。遇见上帝的那位穷人不过只是运气好罢了，如果他遇上的不是上帝，而是恶魔，那么他的命运就有了新的结局。

你会遇上恶魔，还是上帝，这都要看你怎么看待眼前的这个人，你信他还是信你自己？

你活着的动力的钥匙应该是掌握在自己手中的，怎么活着，该不该活，都是你自己说了算。就算有一天你离开了有人会难过，但人们不会永远记得你，只会记得曾经有个傻子，自杀过，他觉得活着太无聊，所以死了。别让大家记得这么糟糕的事，你该让别人记得你是个怎样的人，而不是你活得多无趣，找找你心灵深处的希望，并行动起来，让它成为现实，那么别人会记得你这些现实，而不是你所抱怨的无聊。

每个人都有他该走的路，所以你要做他们不能摧毁的自己，别管那些人说你是疯子，是弱智，还是残疾，你只要完成你自己所想，他们就会懂，他们看错了你。别让别人看对了你，做了别人心中的笑话，你如果不想成为笑话，就收拾收拾心情，开始努力，希望只是一颗种子，它是引导而不是成绩，你要做的是为了这颗种子的成长，而做出你的抉择，你的行动，是为了去完成一个一个的希望。当你完成了这些，回头看的时候，你脚下一定生出了快乐的花，因为你活得如你所想，做着如你所做，没有什么比这样更值得高兴的了。

幸福，只是一个遥不可及的幻想，但你一步一步走上去，不管风雨，不管艰辛，总有一天，你会看见它，并且拥有它。在这之前，你要学会相信希望，学会看着希望行动起来，这是你活下去的动力，它会引导你走向幸福。

别羡慕别人的奶酪，也许你能得到的是一大块奶酪蛋糕，无人可以与你争抢，这只属于你。请相信，你的不平凡；请努力，为了那值得期待的希望。

是的，你该行动起来了。

◎ **请相信，你的不平凡；请努力，为了那值得期待的希望。**

◎第五章　投资下一秒，回报这一秒

　　周日的早晨，我拿着一杯牛奶，打开门准备拿报纸，突然有一个看上去十分帅气的男人冲到我面前，把我吓了一跳。他额头的汗珠滴到了西装领子上，费劲地说："先生，我能耽误你一分钟的时间吗？"

　　我看着他窘迫的样子，选择让他进了家门，他坐下后非常不好意思地接过我递给他的水，道了谢后才开始进入正题。他起先说了很多的哲学道理，比如，人应该看得更长远一些，生命在于珍惜现在、把握未来。他说得很激动，我也偶尔附和拍掌，我猜他肯定是来向我推销关于保险之类的产品的，如果换作以前，我一定会把他从我家里赶出去，还会骂他神经病，但是，自从我开始研究"希望"这个命题，我的心宽了很多，至少我会给努力的人一个机会。

他终于拿出了一张保单，向我说明其中的好处，我看了一眼，最让我值得记住的一句话是："投资下一秒，回报这一秒。"这是这个保险公司的推广语，我非常为之所动，没等这位年轻小伙子说完，我就表示愿意掏出钱买他这份保单，那位年轻小伙子说："先生，你真是我的救星，我这一个月没销售出一份保单，如果今天再不完成任务，我很有可能会被辞退。"

他激动地握着我的手，并祝我一生平安。因为这个小伙子的来临，我的周日也忙碌了起来，我觉得这句话的思路非常贴合"希望"这个命题。我突然有了一个想法，我想找大量的人来证实，到底有多少人愿意投资自己的下一秒？

我做了一个调查表格，这个表格里只有三个问题，第一个问题：你愿意投资你的下一秒吗？第二个问题：你觉得你的下一秒跟你的这一秒有什么关系吗？最后一个问题：你觉得你投资的下一秒会回报给这一秒吗？

我将调查表格打印出来，在这座城市最繁华的街道进行发放，并且让人填写，大部分的人还是愿意配合，在这个休息日里，大家都比较有时间停下脚步，思考一下问题。经过我一天的努力，我收集到了300人的调查表格，回到家我就开始统计这些表格的数据，一直忙到我妻子回家，才停下手中的工作，与她分享我今天的心情。我妻子见我在整理数据，也乐于帮我一把，两人整理起来比一个人轻松，很快我就拿到了整理出来的数据。

第一题有20%的人选择了愿意，有80%的人选择了不愿意。

第二题有30%的人选择了有关系，有70%的人选择没有关系。

第三题有10%的人选择了会，有90%的人选择了不会。

在看别人填写调查表格时，我问了一个问题，我记得我问的是位年轻的女人："小姐，你为什么不愿意投资未来的那一秒？"那位年轻的女人是这样回答我的："我哪知道明天会发生什么，我为什么要费劲地去规划未来的时间？"

听到这个回答的时候，我非常吃惊，在我的脑海中，我认为我们身处现在也该心存未来，但是越来越多的人心里只存在现在，享乐主义者越来越多。等时间消失了，等金钱没有了，就真的只剩下空壳了。我觉得这个世界有点极端，要么是非常担忧未来的人，每天都步步为营，生怕走错一步；要么就是天天享乐，过一天是一天的人。

很少见又懂得享乐，又会规划未来的人出现。这一部分人真的太少了，他们才是明智的人，他们享受了现在，也规划了未来。未来的那一秒其实离你很近，但是很少有人去为那一瞬间思考，该怎么面对下一秒？

希望是最远的一个目标，但没有每一秒的累积，你根本到不了那个终点，为什么要等一切都成了定局再去后悔从来没有付出过？把每一个时段的你叠加起来才是你的一生，上帝不可能照顾每一个人，只有成为自己的上帝，你才能活出你想要的样子。

如果你是你自己的上帝，那么你就会洞悉一切，至少你应该明确地知道如何走到希望的终点。如果你是一团泥巴，你就该懂得如何将你自己塑造成漂亮的瓷娃娃。如果你不懂如何成为自己的上帝，那么你就该学习怎么从投资下一秒开始。你的下一秒在哪儿？

这个问题就像你问"我的希望在哪儿"一样让人无法回答，你应该最清楚你自己，身边的人能做的也只是帮助你，而不是决定你的未来。这让我想起了一个故事，罗丹从小就有一个梦想：成为达·芬奇、米开朗琪罗一样伟大的艺术家。

但幸运女神并未眷顾他，他在美术学校读书的时候，学习十分努力，达到废寝忘食的地步。他曾满怀信心地报考心仪已久的巴黎美术学院，但三次落榜。

第三次考试时，主考官竟给他写下这样的评语：此生毫无才能，继续报考，纯属浪费时间。

如果你是罗丹，你会就此放弃这个希望吗？如果你希望成为一位伟大的艺术家，会因为前面的路太难走而放弃，离开这条路，走向另外一条路吗？如果你是自己的上帝，那你应该很清楚，只有做你想做的，你才会幸福。你不会让自己成为那个失败者，所以你会投资你的下一秒，虽然罗丹受到了打击，但他从未放弃。

他开始了属于自己的艺术之路，就算不被肯定，他依然走了下去。他不知道他的下一秒会在哪个位置，但是他始终知道，他要向着成为伟大的艺术家这一目标而迈进。他这一秒努力地画着，为他下一秒的成功奠定了基础，没有上一秒的坚持，就没有下一秒的成功。你所投资的不是这一秒，而是你下一秒的成功。

罗丹能最终成为近代最伟大的雕塑家，是因为他从未放弃过他的下一秒，他始终坚信着下一秒他会比这一秒更像个艺术家，然而等他做到的时候，他也从未放弃追求极致。在他身上，我们能学到的最宝贵的一件事，就是如果你还不懂如何做自己的上帝，就该学着坚持。

其实投资下一秒并不复杂，你只要清楚你的希望是什么，你现在该怎么做就够了。你唯一要懂得的一件事，就是坚持到底，相信这件事一定能如你所愿。

不要为自己找任何的借口停止脚步，你之所以停下了，不是因为命运之神不眷顾你，而是你放弃了。所以请不要为放弃而找心理安慰，放弃就是放弃了，你放弃了你的下一秒，如果下一秒比你想象的更糟糕，请不要埋怨命运。上帝很忙，命运很现实，不会给不懂得投资自己的人带来幸运，如果抱有侥幸心理，那么你注定只会成为成功的擦肩过客。

在我隔壁，就有一个一夜暴富的家伙，他从来不会规划自己的下一秒。他这一生唯一坚持的事情就是买彩票，我们经常会叫他票王，在他家里能找到很多的彩票。最后他如愿中了大奖，成了一夜暴富的富翁，因为挣到了这一辈子都没见过的钱，他首先搬离了这个简陋的小区，在富人区买了一套房子。过去打着光棍的他自从有了钱，女人也有了。但是还没过一年，他又搬回了我们小区，我带着我夫人的曲奇饼去走访邻居的时候，顺便拜访了他。

他打开了门，见我拿着曲奇饼，他像是几天没吃饭似的，把我手中的饼干都拿了去。见他可怜，我也就没有责怪他，他因为不好意思，邀请我进他家喝杯咖啡。我进到屋子里后，真的觉得乱透了，到处都是方便食品，还有堆积如山的彩票。看来他还在坚持买彩票，希望会有第二次幸运砸向他。我坐了下来，与他聊了起来，我问："你不是中了大奖吗？钱都花哪里去了？"

　　"该死的金钱，意外的东西总是花得比较快，那些钱只够我一年的开销。现在的我，又回到了刚开始那会儿的样子，能做的也只有继续买彩票了。"他非常激动地向我诉说着。我问："为什么你要把你的宝贵时间投资在一些只能听天由命的事情上？"

　　"我也不知道，好像除了这件事可以让我挣大钱外，其他的方法根本不管用。"他有些沮丧，抱着头难过地看着我，"现在我都这个岁数了，还有什么别的可能吗？"

　　"也不一定，你不要去否定自己的人生，你可以尝试做生意，你会做鞋子，为什么不坚持下去？"我继续问，他想了想回答我："我以前想过要做鞋子王，希望每个人穿上我做的鞋子，可是……"

　　"可是什么？"

　　"可是，我发现我做不到。我没有足够的资金开工厂，没有朋友能帮我。我现在只能算个鞋匠，每天帮人修修鞋子，所有的希望都落空了，我只能靠买彩票来求发财。"他看了一眼不远处的工作台，我笑了笑："你太否定你自己了，没有谁生下来就什么都有，不如你尝试做做鞋子放在街上卖，就像卖艺人那样。"

　　"我觉得我还是买彩票好点，至少我中过一次。我相信，我还会有下一次，下一次。"他那么相信的眼神让我知道，他不会去碰那张满是灰尘的做鞋工作台，还会继续坚持买彩票。他把他的下一秒投资在了彩票上，如果他不能中奖，那么他将什么都不是。

　　其实在我看来，他这样也不算是放弃自己，只是我认为投资这件事要看你有没有信心，如果把投机取巧的事放在投资的第一位，那么你就是在赌博。而如果你投资的是自身的能力，或者是水平，那至少

71

能初见成效一点。不是每个彩票的号码都会如你所想，你不是真的上帝，你只是一个能决定你自己未来的上帝而已。

如我所知，他再也没有中过一次大奖。

投资自己就像是一场至关重要的选择，你是愿意把自己的希望放在侥幸那一头，还是愿意把希望放在脚踏实地那一头，这完全取决于你。就算罗丹最后不能成为伟大的雕塑家，但他至少是他心中的艺术家；而我的那位邻居，如果他不能中彩票，那么他只不过是千万个买彩票的人中的一个罢了。

你将希望放在哪一边至关重要，这决定着你该如何投资，你的金钱，你的时间，你该如何拿捏。你所投资的下一秒，会成就未来的这一秒，如果不看准了再决定，你将会有一种难以挽回的难过，那种难过叫后悔。

这个世界没有"如果"，"如果"只是一种永远不可能出现的假设句，但"如果"的存在给了许多人以借口，丽萨会说："如果我再年轻一次，我一定会选择汤姆而不是你。"艾尔会说："如果让我再有钱一点，我一定能成功。"

这些假设就像是空话，没有任何的可能去实现。如果想要，就去争取，这是投资的守则，投资是一种长期的选择，投资就意味着你将有付出与回报，你投在哪里，哪里才会有回音。

要有善于发掘的眼睛，如果你是一批宝藏，那么你要在这批宝藏里找到金子。

你要问自己，我能做什么？我做什么才会让自己更好？

如果答案已经有了，就去做，不要停留，不要质疑。如果走错了，至少你可以选择别的路，但如果你从来没有走过，你根本不会知道那是错误的。

说到发掘投资的眼睛，就不得不提这个故事，这个故事可以让我们清楚地知道，为什么有的人跟你走同样的路，但结果却会不同。

这个故事发生在南太平洋某个群岛附近一个叫珍珠湾的海域上，这里盛产美丽的珍珠，据说世界上最大最昂贵的珍珠都出自这里。因此，从 19 世纪初开始，世界各地的采珠客蜂拥而来，贫穷的费尔便是这些采珠客中的一个。

当费尔来到珍珠湾后，并没有像其他人那样匆匆下海采珠，而是仔细观察着周围的一切。细心的费尔发现，采珠客在采珠时都需要戴上一种橡胶手套，以保护他们的手在工作时不会被锋利的蚌壳和礁石划伤。由于整日的割磨，一副手套两三天就会磨破而被采珠客丢弃，所以，这种手套的需求量很大。但费尔发现，手套都是用船从遥远的墨西哥运来的，这使手套的零售价高达每副 1.2 美元。

费尔研究手套后发现，它是用一种粗橡胶做成的，而附近到处是成片的天然橡胶林，可来这里的人都把目光投向了珍珠，没有人注意到橡胶林的存在。

为什么不用这些天然橡胶制成手套卖给采珠人呢？两个月后，一个制作橡胶手套的简易作坊建立起来了。由于售价为 1 美元，比运来的便宜，所以，每天生产的有限的几百副手套相对于成千上万的采珠人，出现了供不应求的局面。一年后，费尔靠卖手套成了百万富翁，当别人也看到手套的商机时，当地生产手套的橡胶原料却已被费尔全部控制了。因此，只要有珍珠存在，费尔的手套就能卖出去，他就会继续赚更多的利润。

几年过去了，成千上万的采珠客中成为富翁的人屈指可数，大多数的人与刚来到这里时一样贫困；而靠卖橡胶手套起家的费尔已成了当地的首富。

其实，费尔改变命运的秘密非常简单，当大多数人都在关注珍珠的时候，他却看到了珍珠以外的"橡胶林"。

费尔拥有的是一双会投资的眼睛，而这双眼睛改变了他一生的命运。这不是偶然，而是他不急于求成，愿意冷静去思考的结果。没有方向时，迷茫时，其实也正是意味着出路，这取决于你将如何投资你的时间，你未来的生命。如果你不思考，不静心去想，就会像我那执着的邻居一样，明明知道中奖的概率是微乎其微的，还是义无反顾地陷入这循环的恶性投资之中。

投资你自己时，要冷静地考虑清楚你该如何坚持。不是每个人都能成为罗丹，他的成功不是必然，这个世界上没有成功的必然法则，只有让你靠近成功的方法。你如果想像罗丹一样，就要付出他那样的努力；如果你想改变你的一生，首先要培养投资的眼光。

当一个苹果放在不同人手里时，它会卖出不同的价格，这取决于每个人的方式。你会用什么方式来对待你自己？如果你把你自己看成普通的农民，那你肯定不会把这个苹果开价很高；但如果你把自己看成是一位商人，你一定会想着加工这个苹果来卖得更贵，其实这个苹果还是原来的苹果，但是这个苹果会因到了不同人手中而发生了翻天覆地的变化。

这种变化是自然而然的结果，你不需要惋惜你所达不到的，你只需踏实地走你自己的路，但必须要用投资的眼光来好好地思考每一个决定。

投资总是会有付出与回报这两种结果：如果你投资错误，你得到的将是付出；而如果你投资正确，你得到的将是回报。这是所有人都普遍知道的道理。可是，我认为，没有必然的付出与回报，这两者其实是并存的。罗丹因为付出了努力所以得到了成功的回报；我的邻居付出了所有的钱买彩票，所以他得到了一次中奖的回报；费尔因为付出了思考，所以他得到了巨大的财富。

你总是会在有所付出后有所回报，有时候，得到的并不是名与利，或许会是一个教训，一个名叫"你错了"的教训。就像我的邻居，他的再次坚持得到了再也中不了奖的教训。

要得到希望很容易，你只要知道你要什么就可以了；但要拥抱希望这个过程很艰辛，也许你要打败许多阻碍，要遇见很多灾难，最后也未必能拥抱希望。就像伊格尔那样，他的希望是环游世界，然而失去了双腿让他无法实现，但他比很多人都懂得如何站起来，所以他又得到了新的希望，并为之而努力。

想要拥抱希望时，我们就该学习如何投资下一秒。

首先，你要正确地选择希望，有很多时候不可能一开始就找到对的路，走错了路是正常的。如果每个人一次就找到了人生的路，那么就不会有那么多分岔路口等着我们了。

达尔文曾说："生命不仅仅是一张行走在世间的通行证，它还要闪光。或许你会经历失败，但失败也是一种收获。"

没有谁能肯定投资一定是正确或者错误的，只有自己走过才会明白。我之所以能肯定我的邻居错了，那是因为他到了死那一刻，再也没有中过一次大奖，所以直到他死了，才知道，他错了。这是多么让人觉得遗憾的事情，他也许从没想过一次侥幸的机会教会了他什么；他或许没有思考过，突然来到的幸运会带给他什么。且不管那些，至少我认为他有一点是值得我佩服的——他用他的坚持为他那辉煌的彩票生涯画上了完美的句号。

只是他一直都选择了错误的希望，投资在了错误的下一秒，这是到了生命的最终点才能看出的答案。现在的你一定很恐慌，害怕你现在所选择的生活方式是错误的，现在所希望的是错误的。别怕，朋友，你还未走到最后，怎么知道一定是错误的？

你可以看到我的邻居，他的选择是在一些非常难以自我把控的方面。他不像一个投资者，而更像一个赌徒，他没有投资自己的人生，而是用自己的人生来赌一张彩票，这样的选择本身就有他的弊端，首先，中不中奖这件事不是你说了算；其次，就算你再怎么努力，彩票也不会因为你的努力就让你再中一次。

这就是他的错误之处，选择了一个根本无法把握的希望，你是吗？如果你沉醉在别人给予的希望之中，那你要快点醒来了。你只能做自己的上帝，而不是整个世界的上帝，如果你期望你能左右他人，让他人给你一个未来，那么你就错了。

你不是神，不会有人无条件听你的指挥，如果你还在想着把希望放在别人身上，那么赶紧把手收回来，抓住自己，别让别人牵着你走，而你还在点头。

投资你的下一秒，而不是投资别人的下一秒，你所投给别人的不见得有回音，但投资给你自己的一定要清楚最后的结果是什么。

我认识一个女人，她名叫萨拉，是我家的常客，她经常会带着新鲜的饼干来我家串门，每次见到我就喜欢拉着我聊些有的没的。她最常抱怨的话题就是她的爱情，我妻子有时候看不下去会拉着她出去，但时间久了，我们也就接受她这位不速之客了。她因为知道我是心理医生，经常借着送糕点的幌子让我听她抱怨。她是我见过最让人头痛的女人，她每天必做的一件事就是抱怨。她总把自己的希望寄托在丈夫、家人身上，完全看不见自己身上的缺点。

她总是对身边的人要求非常高，越是高的希望，在不能把控的情况下就越容易落空。但她又是一个不甘寂寞的人，非要与人分享她的烦恼、她的委屈，而我们家成了她必来的"垃圾厂"。

她每次抱怨完，心里舒服了就走，留下我与一脸无奈的妻子。有一次我决定好好与她谈一谈，请她喝了我刚买的咖啡，坐在客厅的沙发上与她聊了起来。我说："你为什么总要求你身边的人如何改变，而不好好看看你自己呢？"

"我有什么问题吗？"萨拉根本不觉得自己有问题，这是我本来就预料到的，如果她是一个有自知之明的人，也不会每天见到我与妻子一脸不耐烦，还经常来。

"你的问题很大，所以才会运气这么不好。"我点了点头，有些装模作样地开始说服她，"你觉不觉得你很倒霉？"

"是啊！你怎么知道？我跟你说……"还未等她开始抱怨，我继续说："那就对了。"

"对了？"她半信半疑地问，"什么对了？"

　　"你想不想改变？"我认真地看着她，这让她相信我真能想到办法让她摆脱这种现状，她自然而然地点了点头，我继续说，"首先，你要开始关注你自己，先从自我改变开始。相信我，只要你有所改变，你的家人也会随着你而改变的。如果你的丈夫不能达到你的要求，你就不要再提要求，要用暗示的方式让他明白你的想法；如果你的儿子不听你的话，你该学着不要说那么多话，试着赞同他，也用暗示的方式表达你的想法。"

　　"真的？"萨拉半信半疑地点了点头问，"那我要做哪些改变？"

　　"第一，你要注重自己的修养；第二，你要保持运动；第三，你要多看书籍。你过半年后，再来找我。"萨拉听我这么说完，就像是拿到了秘方一样，早早地回家了。我妻子笑话我："你是不是在骗人？她怎么可能按你说的做？"

　　"亲爱的，我是很认真地在开导她，已经听她说了那么多抱怨了，我早就知道他们家的问题根源就在萨拉的身上，只是她没发现而已。你相信我，我肯定她会有一定改变的，就算不改变，至少她半年内不会再来找我了。"我笑了笑，自从这一次交谈后，我真的半年没有见过萨拉，这让我与妻子都松了一口气。后来我听说，萨拉全家都搬走了，他们买了一套更好的房子。

　　我不知道她到底有没有改变，但是我相信她的搬走应该是她家庭和谐的最好证明。如果不是这样，她会再来找我的麻烦。正在推测的时候，我接到了一个电话，是萨拉打来的，她向我致谢，并道歉给我添了那么多的麻烦。这样的改变让我刮目相看，我甚至开始怀疑她真是那个厚脸皮的萨拉吗？

她跟我诉说着她的改变，也明白当初她把身边的人看得太重，完全忽略了自己，最后惹得大家都不愉快，她终于明白，要改变别人，先要从改变自己开始。

我将萨拉的事情讲给妻子听，她也非常惊讶。改变其实不那么难，或许只是一瞬间的事。

你最能把控的还是你自己，只要把你自己给投资好了，你还担心无法做更好的自己吗？我相信每个人都或多或少有着自己的希望，只是久了，那种希望就减弱了。这是人的本能，你要挖掘出来，把它放大，让它成为你的向导。你要化身为一个投资家，把你的时间、金钱都投进去，不要管失败或者成功，只要你这么做了，总有那么一天，你能感受得到你所投资的下一秒，原来就在这一秒。

不要把眼光放在眼前，看得远一点，想得久一点，谁也不会嫌你在思考，只要你真那么想了，而且那么做了，别人不会管你的过程是怎样的，只会在乎你的下一秒会成为谁。你只需要把握着自己的希望，好好打造下一秒，让自己一步步靠近希望。

如果你害怕自己选错了希望，就好好借鉴别人的例子，在别人的例子里吸收你要的东西。没有谁有100次的生命用来尝试希望，但你有100小时可以好好看看那些故事，那些案例，从他们的身上找到属于你的方向。你需要思考，而不是盲从。如果费尔没有去思考，那么他会像大部分的人那样，找着珍珠，过着穷日子。

你的路要看你怎么选，但在选择之前，你可以抱着投资家的精神，好好分析分析，再选择属于你的希望，通过自己的努力靠近你所要的生活。

对，你就是自己的投资家，你的资本就是你现在所拥有的，别吝啬你的投资天赋。或许你的眼光不那么独到，但是你投资的是属于你自己的人生，有什么好畏惧？有什么好害怕？失败不可怕，可怕的是害怕。

如果你害怕，就会不再敢去做。如此胆小的你，怎么能照顾好自己？

坚强起来，你的与众不同只有你自己懂。你该好好规划一下，未来该成为怎样的你。

◎ **你就是自己的投资家，你的资本就是你现在所拥有的。**

第二部

想象美好的明天

◎第六章　未来是可规划的

我们口中常常说着"未来"二字，直到现在，依然有许多人喜欢用"未来"举例。年迈的奶奶会对着孙儿说："如果你现在不努力，未来你就会成为一个乞丐。"未来是一种希望的化身，但也是渐渐可以看见的真实存在，谁都可以说希望不存在，但谁都不会说未来不存在。

怎么让希望成为未来？

你现在已经很清楚希望到底是什么了，怎样利用它就是我们现在要讨论的。你可能会质疑，希望这么虚无的东西，我怎么可能利用得了？我认为你这样想就错了，希望不是虚无的东西，只是你听过但从没见过罢了。希望就像是上帝般的存在，你相信，就有；你不信，它一辈子都会躲藏在你心里。

其实规划就是让希望变成现实的一种计划性的过程，就像伊格尔那样，他并不知道他在规划他的未来，只知道让自己每天过得充实一点，这样可以避免内心的慌张。每天都在努力，总会感受到自己的用处。然而如果一直停滞不前，沮丧感会把人吞噬。

未来的可规划性就取决于你的想法，如果你坚信并且实施，那么你就能实现你所规划的，完成你的希望；如果你放弃，那么你就达不到你想要去的终点。我认为大部分的人都会有自己所想和所希望的，我们该怎样来利用这股力量？

这就是我们现在该想想的问题。

爱因斯坦是我们所熟知的天才，他一生专注于学术，取得了傲人的成绩，包括我也非常喜欢他的大脑，但他曾拒绝了担任以色列共和国总统。故事发生在 1952 年 11 月 9 日，爱因斯坦的老朋友，以色列首任总统魏茨曼逝世了。在此前一天，以色列驻美国大使将以色列总理本·古里安的信转交给了爱因斯坦。信中说，将正式提名爱因斯坦为以色列共和国总统候选人。

当天晚上，一位记者给爱因斯坦打电话询问："听说要请您出任以色列共和国总统，您会接受吗？"

爱因斯坦断然地回答："不会。我当不了总统。"

记者说："其实总统没有多少具体事务，其位置是象征性的。教授先生，您是最伟大的犹太人，不，不，您是全世界最伟大的人之一，由您来担任以色列总统，象征犹太民族的伟大，这的确是再好不过的事情了。"

"不，我干不了。"爱因斯坦再次明确地说。

爱因斯坦刚放下电话，电话铃又响了，是以色列大使打来的。大使说："教授先生，我奉以色列共和国总理本·古里安的指示，再次向您征求意见：如果提名您当总统候选人，您愿意接受吗？"

爱因斯坦回答："大使先生，关于自然，我了解一点；关于人，我几乎一点也不了解。我这样的人，怎么能担任总统呢？"

大使进一步劝说："教授先生，您想一想，已故总统魏茨曼不也是教授吗？您是一定能胜任的。"

"不，魏茨曼和我是不一样的。他能胜任，我不能。"

大使恳切地说："教授先生，每一个以色列公民，全世界每一个犹太人，都在期待着您呢！"

"同胞们的信任令我十分感动，但我知道自己不适合当总统。"

此后不久，爱因斯坦在报上正式发表声明，公开谢绝出任以色列总统。他说："我整个一生都在同客观物质打交道，既缺乏天生的才智，也缺乏处理行政事务以及公正地对待别人的经验。所以，本人不适合如此的高官重任。"他还说："方程对我更重要些，因为政治是为当前服务的，而方程却是一种永恒的东西。"

爱因斯坦非常明确地知道自己要什么，他不会因为一时的兴趣而走向其他的轨迹。如果爱因斯坦答应了做总统，那么他将会把大部分的时间分割出去。他非常明白未来的他会踏上哪一条路，我们要规划未来的第一点就是要学会拒绝，拒绝我们所不想的，从而完成我们所想的。

我们走在通往未来的路上会遇上许多种选择，如果选择偏离了开始的希望，那么我们就会走向另外的道路。走到分岔路口的时候，你就会迷茫，是不是当初的选择对了？在这个时候你就需要重新规划你的未来，重新寻找你的希望。所以我们首先要向爱因斯坦学一点，那就是不改变希望地走下去。他始终希望在学术上有更大的研究，所以他不会选择做总统，做总统对于他所要完成的希望并没有什么帮助，而是一种阻力——做了总统后，他将少了一半的时间与精力去研究学术。

所以他毅然拒绝了这个邀约。有的人会认为爱因斯坦这样太执着，太痴迷，但是在我眼里，他这样是对的，就人的精力而言，他的选择是正确的。为什么是正确的呢？

我们要相信上帝是最公平的，每个人每天都只有 24 小时，不管你的时间花在哪里，每个人每天只允许有这么多时间来进行活动。在这有限的时间里，你如何安排你的时间决定了你的希望会不会实现。我们要规划未来，首先要做的就是拒绝阻碍我们完成希望的任何诱惑。

我认为这一点并不是谁都做得到的，当初我选择心理医生这个职位时，也经历了非常艰难的过程，才有了最后的决定。人到了分岔路口，选择多了，自然就不知道该往哪走了，当时刚毕业，决定着未来命运的关键时刻来了，我需要对我所希望的做出选择，我希望做心理医生，但是我的家人并不是那么赞同。我心里矛盾了很久，才放弃了一份比心理医生更好的工作，坚守在这里。我的妻子有时候会笑话我的固执，她认为如果我当时的选择不是这样，或许我会更好。我对我的妻子说："如果我不这样选择，那么我就不会是现在的我。"

没错！你的选择决定着你的去路，人没有选错重来的机会，你选择的路会潜移默化地改变着你的未来，改变着你。如果你连拒绝诱惑的勇气都没有，那你怎么专心实现你的希望？那上帝为什么要让你的希望成为真实的呢？

你没有权利要求上帝给你特殊待遇，因为我们都是一样的，每个人有不同的幸运，不同的悲伤。但上帝最公平的地方是，他给了每个人选择的机会，你可以选择做一个慵懒的人，什么都不做，什么都不想，但你得到的肯定不会太多。不能要求上帝给予你优待，作为一个慵懒的人，你将拥有的是慵懒的人生，如果你还希望得到更多优待，那就不是希望而是奢望。做自己力所能及的，伸手就能得到的。

让希望转化为行动，我们首先要明白一点，这点至关重要，不要让希望变成奢望，你只要想你能做什么，而不是想你可能做什么，爱因斯坦非常清楚他能做学术，也可能做总统，可他不会选择后者，因为他可以做很多的事情，也许他不止可能做总统，还有可能是个优秀的画家、小说家等。聪明的人总能干得让人满意，但一个人如果追求的东西太多，那么他就不可能像做一件事那么专心，既然不专心，就不可能深入，成功的概率又会因此减少一半。或许你什么都可能做得到，但不见得你什么事情都能做到完美。

爱因斯坦追求的是学术，他一生都奉献于此，没有终点地去追求极致，才会有那永传的奇迹。

你在面对选择时要做一件非常重要的事，这件事比你快速决定重要得多——你要问自己这到底是不是你能做到的，而不是问这可不可能。

得到答案后，再去选择，你的希望就会明确得多。

跟我一起长大的阿道夫就一直被自己所困惑，上次他来找我，是因为他生意赔得一塌糊涂。他问我是不是上帝在惩罚他，我与妻子安慰着他，说坚持下去就会好起来的。但是我后来得知，他从我家回去后就把所有的生意结束了，开始打工。我与妻子都非常遗憾他竟然选择了放弃，后来他辗转换了很多份工作，最终也没有再次翻身的机会。那时他与我一样是心理医生，但是他被那些挣了很多钱的商人所吸引，辞掉了安逸的工作，去做了一位商人。但经过商场的历练，他觉得自己不适合，后来想着可能适合做销售，又去应征了销售的工作。他总在自认为可能的情况下做出选择。

最后，他迷茫了，找不到出路，因为他丢失了他的出路，没了希望。我曾打电话问他："最近好吗？"

"我需要静静，我在旅行。"

他去了很远的地方，没有目的，没有方向。他说，他只是想找到属于自己的希望，他现在活着无比煎熬，他根本不知道自己能做什么，好像什么都能做，但真正说起来，却没有一件他能做一辈子的。

有些人非常幸运，他们一开始就找得到希望，他们非常清楚自己能做什么，将要做什么。可大部分的人并非那么幸运，他们需要有人提示，需要有人肯定，如果时常找不到方向他们会盲目地做出决定，或者站在天平的中间，一直不知道该怎么取舍。

在这里我要说说如何帮你选择，每个人的选择都有着自己的理由和方法，也没有绝对的对与错，只有你想要与不想要。只有找到你想要的，你才能继续下去，你才会有希望。假设有两个一模一样的苹果放在你的面前，你就要思考这两个苹果哪个离你最近，如果是 A 苹果离你最近，B 苹果离你稍远，那么你可以用就近的原则选择 A 苹果，但是这只是选择的一种方式。第二种方式是，你要明确这两个苹果的颜色，A 苹果是青色的，想来滋味应该是酸的；但 B 苹果是红色的，它的滋味应该偏甜。那么你就要思考，你希望得到的是酸还是甜，如果是甜，那么你就该选择 B 苹果；如果你两个苹果都不喜欢，请千万不要随便选择一个。

这不是选一个你吃的苹果，而是选一个你将付出很长时间追逐的希望，这个选择会难上很多，你要有把握，不管成功与否，你至少要肯定你是喜欢的，是希望得到的。

在没有得到这个准确答案之前，你最好什么都不选，等待更好的选择机会。当时我问阿道夫："为什么你那么急于肯定你不适合做心理医生呢？"

"我只是怕如果现在不选，这个机会就会从我身边溜走，现在我不能肯定我到底想要什么。"

"希望你尽快找到，一路顺风。"

他背着行李开始了他的找寻之路，或许他能找到，或许他找不到，但是我可以肯定的是，他曾那么害怕失去，所以最后得到的正是失去。如果他静下心来好好问自己到底适不适合这条路，这条路到底是不是自己想要的，他会更清楚地知道自己在干什么。可是他没有。

当真正花时间走过那条路的时候，才会发现，原来自己所选择的未必是自己所需要的。这种感觉是最糟糕的，就像一个做题的小孩快交卷时才发现所有的题都做错了，再重做已经不可能了，因为老师已经要求交卷了。这一次考试，他注定不及格，他并没有错过一次选择，但是他错过了一次选对的机会。

总而言之，规划未来的第一条，即你必须明确地知道，这是不是你想要的。

那么在找到你想要的之后，该怎么去规划你未来的人生？

我很清楚在寻找想要的希望时，会遇到非常多的困惑，这些困惑足以让你停下脚步。有的人会慌张地停下脚步看自己是否就此无用，但我要告诉你，不，你只是在休息而已，你的人生才刚开端。

所以不要因为害怕错过而盲目选择，只要你选了你想要的，你就可以拥抱这个希望，一直走下去，不然你就又要从寻找希望开始。

好吧，我们不再说如何来寻找真实的那个你了，你可以通过我所说的各种方法找到你自己。既然你已经知道你是谁了，接下来我们要思考怎么去做。

你必须要有计划地去实施，否则就会像一盘散沙，根本无法完成你所要做的事情，在这里可以与时间管理联系在一起，凡是会利用时间的人总会比别人跑得更快。龟兔赛跑是我们所熟知的一个故事，一只兔子为什么会跑不赢一只乌龟？在这件事上，其实只是时间作的怪。

时间就像一个推手，它将乌龟推着走，兔子因为轻视敌手而在睡大觉，然而乌龟则运用所有的时间奔跑。虽然它的步子有些慢，但它不分昼夜地这么做，所以赢了。而当兔子醒了，才发现自己输了。

我们可以通过这个故事看到很多道理，但是我在这里，只想说时间与希望这两件事。上帝做得最公平的事，就是给了我们每个人相等的时间，有的人一小时等于上千美元，有的人一小时等于上万美元，当然，还有的人一小时等于几美元。每个人之间的差距到底是从哪里来的？

有的人会怨天尤人地说：这是天生注定的，他拥有更好的家庭，拥有更好的自身条件。

就算如此，你不得不承认，每个人确实只有 24 小时，然而某些人的 24 小时比你的 24 小时更值钱，更懂得计划，更懂得规划。他们的下一秒在自己掌握之中，而你的下一秒则在虚度着。朋友，笑一笑吧！你做不到他所做的事，是因为你承受不了他的烦恼。

当你只要顾着你一个人的晚餐时，也许他需要顾及上万个员工的晚餐在哪里，不要去抱怨他拥有的比你更多，而是要去想，为什么他拥有的你没有，你到底缺少了什么，你的时间去哪里了。

未来规划就是一种时间的规划，它是以希望为指标，不断进行奔跑的一种行为，而这种规划，只是你奔跑时所具体要做的事。如果你像伊格尔一样想成为一位作家，那么你就必须满足作为一位作家的基本要求，拥有文字功底、阅读水平、知识量等这些必备的素质，你需要不断丰富自己，你要干的事情多着呢。

或许，你想成为一个优秀的商人，那么你要经得住市场的考验，你会成功，也会失败，这都不是关键，关键在于你想不想，要不要。既然是自己所需要的，那么就该一步一步去走出自己的路。

这就是规划的真正意义，未来可规划是因为你走好了现在的路。

或许你想做一个探险家。每个人对探险家的定义都不同，有人认为他们是疯子，有人认为他们是不现实的，但在我眼里，他们是最踏实的，因为他们会规划出未来要去哪些地方，怎么走到这些地方。不如来静心听听下面这个美国西部乡村男孩的故事。

在这个乡村里，有一位清贫的农家少年，每当有了闲暇时间，他总要拿出祖父在他 8 岁那年送给他的生日礼物——那幅已被摩挲得卷边的世界地图。他的目光一遍遍地漫过那上面标注的一座座文明的城市，一处处美丽的山水风景，飘逸的思绪亦随之上下纵横驰骋，渴望抵达的翅膀在那上面一次次自由地翱翔。

他有了希望，于是 15 岁那年，这位少年写下了他气势不凡的《一生的希望》："要到尼罗河、亚马孙河和刚果河探险；要登上珠穆朗玛峰、乞力马扎罗山和麦金利峰；骑乘大象、骆驼、鸵鸟和野马；探访马可·波罗和亚历山大一世走过的道路；主演一部《人猿泰山》那样的电影；驾驶飞行器起飞降落；读完莎士比亚、柏拉图和亚里士多德的著作；谱一部乐曲；写一本书；拥有一项发明专利；给非洲的孩子筹集100 万美元捐款……"

他洋洋洒洒地一口气列举了 127 项人生的宏伟希望。不要说实现它们，就是看一看，就足够让人望而生畏了。许多人看过他设定的这些远大目标后，都一笑了之，所有人都认为，那不过是一个孩子天真的梦想而已，随着时光的流逝，很快就会烟消云散的。

然而，少年的行动却被他那庞大的《一生的希望》鼓荡得风帆劲起，他的脑海里一次次地浮现出自己畅快地漂流在尼罗河上的情景，梦中一次次闪现出他登上乞力马扎罗山顶峰的豪迈，甚至在放牧归来的路上，他也会一次次沉浸在与那些著名人物交流的遐想之中。

没错，他的全部心思都已被那《一生的希望》紧紧地牵引着，并让他从此开始了将希望转为现实的漫漫征程。

44 年后，他终于实现了《一生的希望》中的 106 个希望。

他就是 20 世纪著名的探险家约翰·戈达德。如果你要成为像他那样的人，就要为你的希望付出实实在在的努力与行动。你规划的第一步是画出你的蓝图，第二步则是画出你的路线图。你要清楚地知道你的第一步是什么，第二步是什么。约翰之所以可以完成那些看上去遥不可及的希望，就是因为他非常清楚每一步需要做什么，怎么去完成它。

如果你光有希望，但是你的希望太多，却没有将你的时间划分好，就没有意义。我们不可能在一个时间段里干太多的事情，比如你在吃饭，你就不会同时还在打球。你需要明确你现在只能好好把饭吃完，吃好了饭下一步要干什么。你可以有上千个宏伟的希望，但你要实现这些希望，必须有属于自己的路线图。

当你拒绝诱惑，一心只干一件事时，你会发现，你是如此清楚地看得见希望，如此清楚地知道未来你会走向哪里。你的心会安定许多。伯德也是因为有了希望才一步一步走出了心灵的黑暗。你要像约翰·戈达德一样，提出宏伟的希望，就要一件件去完成它。你可以选择在笔记本上记录下你每天都要完成的事。

刚开始，你可以选择每天列三条你力所能及，而且能帮助你朝向希望的事情。这样，你每天做一点，很快就会发现自己已经飞速前进了。比如，约翰·戈达德清楚地知道他必须完成127件事，这些事并不那么容易，首先他要去尼罗河探险，那么他需要对那里十分了解，需要一部分资金，也需要在外求生的技能，这些事情必须一件件完成，他才有可能完成尼罗河的探险。如果把我们的每天看成是一次机会，那么我们可以利用这些机会靠近希望。

只是看你愿不愿意这么做罢了，如果你愿意，就需要列出你今天要做的事情的清单，一件件按照时间的要求去完成它。当你把所有的清单都完成了，就会发现你已经走到了终点，这就是规划的力量。你可以按照原计划去做事，当发生变动的时候，你可以清楚地知道你的终点是什么，你现在要做的是什么。

每一次的靠近都是一个希望，累积起来，你将会比现在充实。你每一秒的进步都会是你人生的一个转折点，这将是未来的铺垫。只有走好了现在的路，你才能遇见未来。

爱因斯坦如果不那么热爱他的学术，或许就不会有这么大的成就。他的科学之路没有终点，他一直带着希望走下去，然而他所创造的那些财富则是全世界最宝贵的。如果你想成为一个成功的人，就要忘记你现在所拥有的，去追寻那近在咫尺，力所能及的。这并不难，只要你不满足于现在多于别人的成就，你将会往前走得更快，至少你不会停止脚步。

我那位热爱彩票的邻居就是一个非常让人心痛的例子，他其实可以有一次机会得以改变。他已经中了大奖，理应可以开始另外一段人生，但是他最终还是回归了起点，甚至比从前更糟。至少他再也没有笑过，也连门都不曾见他出过，为什么他会变成这样？

他从未想过如何规划这笔巨额的奖金，在他的脑海里没有投资自己的概念，根本无从谈起规划。首先要有这种投资自己的意识，才可能有自己的规划，才能自己创造未来。要永远记得上帝太忙，你需要自己为自己的人生做主，没有谁能替你走你的路。

如果你没有投资自己，把握对下一秒的预期，就根本不会去认真规划你未来的时间。或许你可以非常自信地说：我还年轻，我穷得只剩下时间了。或许你说得非常正确，对此时此刻的你来说，时间的确就是你最大的筹码，但是如果你把你的筹码变成无用的流水，那么它永远是无价值的。你想过没有，虽然看上去你的时间非常多，可只要是个存活在这世界上的人，就会有每天 24 小时的时间，其实你与其他人并没有什么不同，只是你年轻一些罢了。但这并不能说明你的 24 小时就比其他人的更有价值，这个价值取决于你怎么去利用，怎么去规划。有的人 24 小时里可以干很多事，你会好奇，为什么他们明明跟自己一样，都过着上帝给予的 24 小时，可为什么他们干的事情却比你更多？

朋友，你该清楚地认识到，你的 24 小时值多少美元完全取决于你的利用方式。只要你所干的事在你眼里是千金难换的，那么你的 24 小时就值千金；如果干这件事在你眼里只是浪费时间，那么它的价值就等同于流水。

这是一笔非常好计算的账目，我们的人生是由许多个希望组成的，而这些希望就是我们每一天所要完成的计划。

要怎样制订一个令你满意的计划呢？应该怎么规划你的五年、十年？

这需要一个阶段性的思维，你的每天是有 24 小时，但分上午、下午、晚上。每个时间段，你可以要求自己完成一件事，只要这件事与你最终的希望靠近，你就会渐渐驶向终点。那么这是短期的规划，单位一般是以天来计算。

不要小看这每一天的努力，我们的时间是按照天来计算的，在这一天里，其实我们可以干很多事。如果你感觉每天都在虚度，那么你就要好好深思你是如何爱自己，如何照顾自己的。

要懂自己就必须从爱开始，只有你懂自己了，才会清楚什么最适合自己，什么是你最喜欢的。从本书的一开始我就在反复强调这个思维，这个思维是希望的根源，要想拥有希望，你必须清楚地认识到"我是谁"。

好了，你现在可以在一张纸上写下明天的规划了，明天你将干点什么呢？

有没有想过？

还是等时间来了，再看着办？

朋友，如果那样就晚了，你的时间在你还来不及反应的时候已经流失了。如果你开始拖延，就要强化时间规范思考方式。如果管理不好你的时间，你将离希望越来越远，以至于开始分不清这到底是希望还是奢望。

在我还未了解希望时，我也常把一件事拖延很久才开始干，渐渐地，我发现时间根本不够我用，每次需要干的工作，总会推迟到第二天才开始干。后来有了拖延症这种说法，我也一度认为我患上了拖延症，但事实证明我不过是惰性在发作，有些时候总会放纵自己一些，不愿去做，不愿去想，甚至认为这种放松是可以被原谅的。

这种惰性一直困扰着我，但后来我开始接触"希望"的课题。渐渐地，我开始对明天有所期待，会安排好每天需要做的，坚持记录下第二天需要做的，即便有拖延，我依然会一天至少完成一件我觉得重要的事。就这样，我的生活充实了起来。我的妻子有一阵喜欢说我："你真是个大懒虫。"但自从她见我开始行动起来后，就不再这样嘲笑我了，反而会帮助我解决一些问题。

　　人一旦有了希望后，就有了无尽的动力，会比现在更有干劲。这不是一种治疗手法，而是一种本能。人之所以是高等动物，正是因为他们的身心都需要升华，所以对生活要求很高，对未来有所期盼。这是一种本能，创造力是在不知不觉中开始转化的，这取决于这个人的希望有多大。如果一个人想成为伟人，只要他当真了，就会按照自己的规划去做。

　　但如果你什么都不想干，什么都不想要，你自然发觉不到自己本能的财富。有些时候，你不站在刀尖上，就根本不可能学会平衡。不要再为自己的懒惰找借口，其实这与拖延症没有关系，只是你不想去做而已。

　　未来可以规划，只看你想与不想，要与不要。

◎ **好了，明天你将干点什么呢？**

◎第七章　现在阻碍不了我们

　　一早，罗古德博士给我来了一个电话，他告知我普恩离开了我们。听到这个消息，我突然觉得非常悲伤，妻子安慰我说："人死不能复生。"

　　我非常沮丧地准备去见罗古德博士，我真的不敢相信我的朋友就这样离开了我们。我见到罗古德博士时，他也面容憔悴，普恩是我们的朋友，也是我们最信赖的人，我从未想过他会就这样离开，有时候年纪大了，身边的人总会不给音信地离开。

　　坐在餐桌上，我的朋友们都非常沉默，他们接受不了普恩离开这个事实。普恩在我们心中的地位至关重要，他像个上帝，给我们灌输了很多关于"希望"的信念，当初如果不是有他的帮助，我相信我也不会如此深入地研究"希望"这个课题。他算得上我的半个老师，他并不是幸运儿，失去了有声音的世界，但他依然站在讲台上，教会了一代一代的孩子面对人生。

在我眼里他是一位非常了不起的老师，但是他因为心脏病发作而离开了我们。在他的葬礼上，许多人都默念着"这不是事实"，这个结果太令人难过了，普恩的妻子在我离开时，交给了我一个笔记本，她告诉我，这是普恩在临走前准备送给我的生日礼物。我收到了他最后的礼物，带着他的礼物回到了家中。我的妻子深知我今天非常难过，她提前下班回家给我做了一桌丰盛的晚餐，我非常感激她这么做。

在深夜，我终于鼓起勇气打开了普恩送给我的礼物，看着这个笔记本上清晰的字迹，我一眼就认出这是普恩的字。翻开笔记本，看到他记录的从他失去声音到现在的心路历程，我被最后一段话给打动了："比恩，这是我的希望，送给你，作为你的生日礼物。我知道我的故事非常平凡，但我相信现在阻止不了我们，你有天会被千千万万人记住，而我会做个最开心的聋子。"

现在阻止不了我们，这句话我一直记得，这是他送给我最宝贵的一句话，让我感触很深。这句话是他对希望的总结，是他的信念，只有相信希望的人才会认定，现在的窘迫不过是暂时的，只有失去希望的人才会认定自己一辈子就这样了。

普恩与凯瑟琳都是天生的希望者，他们不畏惧困难，即便看上去他们并不可能有改变，但他们总能改变一些，成长一些，更好一些。

他们的能力是与生俱来的，在普恩离开我很久一段时间后，我才开始恢复精神。恢复精神后我认识了我的病人卡特先生，他初见我时非常能说，我都怀疑他根本没有心理问题需要咨询。他个子很高，也非常瘦，是个帅气的小伙子，我对他印象非常不错，他看上去与我平时见的病人有非常大的差距。

第一，他根本不悲伤；第二，他从未问过我任何问题，只是要求我听他说话；第三，他说完就离开了。

这根本不是交流，我不过只是他的"垃圾桶"罢了。第二天他又来见我，他还是有非常多的话，总在埋怨着客户，埋怨着公司，埋怨着所有人。他把自己说得非常悲伤，但我从他的眼神里看不到丝毫的悲伤。这次我忍不住打断了他的话，开始要求他进行全面的心理检测，我得到了一个惊人的结果——他竟然根本没有任何的心理疾病。我试图向他解释我们的工作性质："卡特先生，我希望你明白，你现在要做的事就是停止抱怨。"

卡特不解地问："难道心理咨询不包括听抱怨吗？我真的有太多想说的，我觉得我每天这样，总有一天会疯掉。"

我笑着继续解说："在我看来，卡特先生你根本不需要进行心理咨询，你的心理并没有任何的问题。"

"我当然知道，只是我很沮丧，我害怕一辈子就只能这样了。你知道吗？我的压力太大了，周围的人好像对我都非常不满意。"卡特第一次显出了苦恼的样子，我才可以肯定他只是内心矛盾而已。我继续说："不如这样，你把你的现状告诉我，千万不要再向我抱怨，可以做到吗？"

卡特润了润嗓子开始讲述整个事情的经过："我是一名销售人员，近期的业绩非常不理想，而且经常被客户辱骂。我非常想换一份工作，但是我又很不甘心。可每天这样，我积压的怨气无处发泄，所以就来到了这里。医生，我真的无意捣乱，但我真的很难过，为什么比我后来的销售员都比我的业绩好？"

"卡特先生，你热爱这份工作吗？"我耐心地问他。他点了点头。我笑着说，"既然你喜欢这份工作，为什么还在乎现在呢？没错，你现在不那么优秀，但这并不代表你的未来会一直这样。你既然热爱你的工作，既然抱怨也不能改变现状，不如利用在这里与我抱怨的时间去多走访几家客户，说不定你会遇到做你第一笔单的人。"

"医生，我只是非常失落，我非常不满现在的状态。我真的觉得我一辈子就这样了。"卡特非常难过，我写了一张纸条给他，他看过纸条看向我说："现在阻碍不了我们？"

"是的，你现在的糟糕根本阻碍不了你向前走，你的路会因为你此时的糟糕而变得精彩，如果你把你的现在看作未来美好之路的必经之道，那么你将会比现在乐观得多。"我笑了笑说。他似懂非懂地接受了我的劝告，离开了诊室。他算是我见过的比较奇怪的人，很少会有人愿意花着治疗心理疾病的费用来聊天。

我们所在的时空永远是现在时，但我们的前进方向永远是未来时。你所看到的只是现在所看到的，偶尔会看到一些阻碍，你会想尽办法躲避它，反思它，但其实它们的存在并不能阻碍我们前进。就像卡特，他的问题很简单，他看重现在的成绩，忽略了自己的问题，他总在抱怨他人，却看不到自己身上的毛病。

不是现在的状况阻碍了他，而是他阻碍了自己，或许他本能做得更好，只是他太重视现在，就像受了伤的野兽再也不敢发起攻击一样。

我们的动力是在不断的自我激励中获得的，但是过于看重现在就会有一种莫名的压力感，害怕未来会一直停留在这里。

但事实真如此吗？不见得！每个人都会有低落期与鼎盛期，在这个曲线中，你的现在时不过只是你人生的某个阶段，顺其自然地努力比告诉自己该如何活着更重要。你本可以是自己的上帝，但如果选择做自己的恶魔，就会开始厌恶自己。

你像个挑剔的国王，开始挑剔你身边的一切，挑剔你身上的一切；你的眼睛将被挑剔所遮盖，你根本无法看到问题的本质。要解决问题，只有先看到问题，才能解决。只有你看见希望了，才能开始追寻，开始规划；如果你盲目地奔跑，会发现原来只是在迷宫里打转而已。

"现在的你是谁？"这个问题对未来的你而言并不那么重要，因为现在的你不会是未来的你，只是你未来的组成部分而已。卡特是那么在意现在的成绩，低落的情绪会一度让他怀疑自己，希望是需要不断强化自我意识的一种力量，如果你开始怀疑，开始质疑，开始不相信，那么希望就会随着你的不相信而变得越来越遥远。

普恩是我见过的最不在乎现在的人，当他发现双耳听不见的时候，让我最印象深刻的是，他对我说："比恩，别可怜我，我不可能一直这样。"

他躺在医院的时候，安静地规划着未来要干的事情，他从来不曾丢掉希望，他用他的行动告诉我他是如何冲向未来的。他出院后立马就去应征老师的职位，几乎没有一个院校愿意录用他，都认为他是个聋子，根本无法教书。但是普恩却对我说："伙计，我相信我的现在阻碍不了我前进的步伐，看着，我会做一位优秀的老师的。"

我曾劝他，为什么非要做老师这种需要聆听的工作？他只是对我笑笑："我想证明，就算是聋子也能教出优秀的学生。"

他那种希望的力量一直感染着我，当然他也打动了罗古德博士。

罗古德博士的力荐让普恩踏上了教书这条道路，但他并不顺利，刚进学校，就被学生嘲笑为"聋子老师"。但普恩并未因此而难过地放弃，他不在乎学生上他的课时课堂吵闹得根本无法继续，他也不在乎校方多次劝他放弃。他总是用一句话让所有人都有所期待："我相信我的现在绝对阻碍不了我向前走的步伐。"

很多人都愿意给这位执着的人一次机会。普恩开始学起了唇语，他只要看着别人说话的样子，就能大致猜到对方在说什么，就因为这样，他开始在课堂之上实践。从前他不敢向学生提问，因为学生说的答案他根本听不见。

但这一次，他第一次在课上向学生提问："汤姆，你站起来回答我一个问题。"

汤姆非常不屑地嘲笑他："聋子老师，你听得到我的答案吗？"整个教室都随着他的话而变得闹哄哄，全班同学都嘲笑着这位因身体缺陷而努力的老师。但普恩并未抱怨这些学生不懂他的世界，他非常清楚，抱怨是世界上最没用的一种方法。他只相信，现在的他绝对不是未来的他，所以他不必在意现在的希望是多么渺小，未来是多么难看，因为他根本猜不到未来是什么样子。

他笑着对汤姆说："我非常清楚你在嘲笑我，也非常了解你们并不喜欢我，可我身为一位老师，有义务告诉你们一个道理，现在你们是学生，所以你们可以选择听课或者放弃。在我看来，你们每一位都比我幸运，我因为一次车祸失去了听力，而你们可以听见这个世界的声音。但你们现在的幸运不代表着你们未来也能如此幸运，当你们走上社会，会看见比你们更幸运的人，你们或许会悲伤，想不通为什么你们会如此糟糕。

"我想告诉你们一个道理，你们现在的无忧无虑只是现在而已，但未来的你们将承担你现在的态度带来的后果。如果你是积极的，那么你将获得报酬；如果你是消极的，那么你将得到惩罚。汤姆，我不在乎你会不会回答我这个问题，但是我在意你到底是在用什么态度跟我说话。"

全班因为他的演讲而变得沉默了。是啊！你能确定你的未来每天都那么幸运吗？你根本无法了解你的未来长什么样子，你只能靠着你的希望，一步一步走向你要去的地方。通过这堂课，那个学校的学生又为他取了一个绰号——"活在未来的老师"。

在普恩给我的那本笔记本里记录着这个故事，他非常开心地在里面写道，那是他第一次正常地与学生沟通。他始终相信总有一天他能办到，只是时间问题。他从来不会灰心，因为他相信他的现在会成为过去时，而不是未来时。

我非常喜欢普恩这种生活态度，他经常自嘲听不见了的耳朵，他会教学生如何面对生活，而不是守旧地按照书本教课。他经常对我说："我是一位老师，不是一个复读机，我该教会我的孩子们怎么活下去，而不是教会他们如何背那些课本。"

他的教学风格非常多样化，时而玩游戏，时而聊天。他经常会把知识不知不觉融入游戏或者聊天中。罗古德博士曾对我说："他是我见过的最有活力的老师。"

他做到了他想做到的，成为了一位受学生爱戴的老师，就如他希望的那样。他不会活在现在，只会活在未来，因为他眼里清楚地看得见希望，看得见他非常美好的未来。他懂得在绝望中找到希望，并且利用这个希望努力地规划未来。只要心系着未来走每一步，其实你的现在真没那么重要。

现在你可以身无分文，可以毫无能力，但如果你沮丧到怀疑自己，就会陷入最可怕的旋涡之中。当范达因得怪病的时候，他根本无法想象这是造就他成为美国推理小说之父的过程。他正是因为那次绝望才接触到了推理小说，在医院的时光让他阅读了大量的小说文献，这为他未来的写作打下了坚实的基础。如果他非常在意自己当时得病的事情，那么他会充满埋怨，充满难过，不会有任何振作的想法，这样，他根本不会有心思去阅读任何的书籍，更不要谈日后的写作之路了。

你像范达因一样有难过至跌入谷底的怪病吗？你像普恩一样有听不见声音的身体吗？如果都没有，如果你健康且有工作，生活也并没有什么大的风波，你为什么要把你的希望给丢了，把你的未来放在过去？

难道你没有时间去安静地想一想为什么你会这样吗？

或者你像卡特一样，只是苦恼工作不理想？难道因为不理想就要放弃吗？那这样，普恩是不是早就不该妄想成为一位老师？每个人都有权利希望，为什么你要否定自己的权利呢？

当我提出一个"妄想"的时候，我的妻子总会笑着打击我："你做得到吗？"我常说："试试就知道了。"

是啊，你试过吗？如果试过了还是不行，那你坚持过没有？如果坚持了还是不行，你找到问题所在了没有？有一句话是这么说的："笑到最后的才是赢家。"没有人知道谁会笑到最后，所以你敢肯定你绝对不是那个笑到最后的吗？

你不能，因为你不是女巫，不是上帝，不是预言者，不是能看见未来的人，你怎么能肯定就算你干下去依然如此？卡特的矛盾在于他根本不相信他坚持下去会有好转，他恐惧如果下个月他依然是这样的成绩，每天要受那么多的气，这些心情该如何去释放。

任何对你的否定都是因为只看见了你的现在，但你却不能因为他们的否定而自我否定。如果你相信你的现在会阻碍你的未来，那么你就会畏惧、会质疑、会害怕。愿意投资的人才不会管会输多少钱，何况你赌的只是你的时间而已，有什么输不起的？你多的不正是时间吗？与其抱怨，不如用来试试那千分之一的机会。

有一分一毫的余地，你就去抱怨、去放弃，那你怎么敢说自己真的尽力了？我见过太多自认为非常努力的人，像卡特，他抱怨的全部内容都围绕着"他如此努力，上帝却如此不公平"而展开，不是怨身边的人，就是怨公司，怨路上的一个小动物，不管如何，他总看不到自己的问题。而其实抱怨的源头，就在你的不敢面对中。

你总在用抱怨说服自己，要相信这一切都不是你的错，绝对不是你的问题，所以你将责任都推向身边的人。你不承认那些已经成为事实的状况，你在乎此时此刻的输赢，在乎此时此刻的状态，这样的你怎么可能好好地去把握未来？

既然未来是可以规划的，你却用来在乎现在，那么你的希望就停止在了现在。你可能会很懊恼，怎么就不能按照先前所想的完成呢？

我想说这是必然的，当你进入一个全新的领域，如果每件事都按照你所想的完成了，那你岂不是上帝？不要为了眼前的困难而耿耿于怀，你该想得更远一些，看得更高一些，把那些障碍跨过去，才能真正看见未来。

我们的现在绝对不会成为永恒的状态，既然如此，你何必耿耿于怀？

我有一位病人，他比卡特更值得人同情。他是一位失眠患者，并没有身体上的疾病，而是心理的疾病。焦虑让他的心根本静不下来，他从来没有睡过一天好觉。他每天正常去公司上班，晚上回到医院睡觉。他只有在医生的看护下正常吃完安眠药，打了镇定剂，才能安静地睡上一觉。浮躁的心情一天天地困扰着他，他却从未放弃治疗。有一天他找到我，对我说："医生，我觉得我好不了了，我想出院。"

"如果你真想如此，那好吧！"我准备帮他办理出院手续的时候，他拉住了我的手："医生，我会不会一直这样，再也好不了了？"

"不会。"

"那为什么我治疗了这么多天，还没有效果呢？"

"因为你根本没有配合治疗，而且你并不相信我们。"听到我的话，他非常吃惊，因为他几乎每天按时吃药，一切都按照我们所要求的进行着，只是有一条他从未做到过——放下工作。

他并不是一个像巴克一样的工作狂人，他之所以不放下工作，是因为他已经习惯了每天上班的规律。他是个对自己要求非常严格的人，习惯了多年之后，早已经忘记他应该干什么，现在要做的是什么。他只清楚，要像以前一样，每天上下班，治疗对于他来说只是一个附加的东西。

他虽然按照我们的要求吃了药，可从未按照我们的要求放松心情来配合治疗。他依赖的不是作为医生的我，而是依赖药物的作用。他坚持相信安眠药的作用，也不配合治疗的方法，这样对于我来说是一种挫败，而对于他来说是一种无用的治疗。

他停留在现在，从未向前走过。我有理由相信他这样下去会一直持续这样的症状，毫无改变。这样等于是在浪费时间，但他不会抱怨，只是冷漠地不配合，像是所有的一切与他无关，他只是按照每天的习惯在做。

你可以选择像他一样，每天不求进步，只原地踏步，但我相信每个人从内心都是渴望改变的，不然他不会选择来我这里进行治疗，但是他却从心底不相信我能治好他，所以他宁可相信药物的作用，最后只能原地打转。

他说："医生，我还是决定不继续治疗了，我认为治疗对我已经没用了，我已经无法改变了。"他说完后，我很快为他办理了出院手续，并不是我不想挽留，而是我无权利这么做。他的路应该由他自己去走，他无法接受别人的介入，也根本不会配合，就像他入院前那般自信满满，但他所有答应的从未做到过一样。有些人掉入沼泽之后就再也不会选择站起来。

有些人因为习惯了躺着，自认为只要习惯了就不会再觉得难受了。每个选择放弃的人都是一个成功的催眠者，他是如此，卡特也是这样。

但是他们的方式有所不同，卡特是将所有的问题放在别人身上，他只是一个远观者；然而这位病人是习惯了不相信自己，也不相信任何人，所以他根本无法做决定，因为他已经变成了习惯的奴隶。

我们要想成为自己的上帝，首要的一步是相信希望；然后是规划希望；最后，你必须要明白现在的状况只是暂时的。

如果你放弃去改变，放弃去追寻，那么，现在的你很有可能是未来的你。

你的人生之路由你决定，由你选择。你可以走得更精彩，也可以在泥沼中度过。不管你选择哪种生活，这都是你所决定的，任何人都帮不了你做这个决定，因为你的希望只有你自己懂。没有希望就没有动力，然而如果你连自己都不相信，连改变都不愿意尝试，何来的行动呢？

朋友，我相信你也不愿意一辈子在一成不变之中度过，你也会有觉得活着无趣的时候，每天规律地干着同一件事，你会发现你与机器并没有什么两样。一辈子过着机器般的生活，这种滋味并不好受，不然这位病人也不会想改变，只是他陷得太深，他不像巴克那样只是热爱工作，他更缺乏的是没能真正地拥有自己。

我们一直生活的状态是现在时，然而这个现在时过一会儿就会变成过去时。只是很少有人看到这一层，总在意着现在拥有的，而不是将要拥有的。

你的筹码是现在拥有的，但你要舍得才会得到你将要拥有的。在不舍中度日，会有千百种心情与难熬陪伴着自己。普恩非常明确地知道他所要得到的是什么，该放下的又是什么。他失去了健康的耳朵，但他得到了另外一个目标，他为这个目标而努力，最后得到了老师这个职位。这一切都不是偶然，而是因为他的目标非常明确，他不会被现在困住。

没有人会在失去一件东西或者失去一种生活方式后，就再也找不到新的活法、新的东西代替，只是大家不肯走出那一步。伸出那只手去拿时，害怕的情绪会让你觉得全身都被覆盖，以至于你走不到希望的终点。

不管你如何不敢，时间都不会为你停留，你现在的状态如果不往前，就会一直停留，如果被时代所遗弃，你很有可能会后退。人之所以会不断进步，那是因为每个人都必须跟着时代的潮流不断学习，不断成长。我们都是在追逐着未来前行，而不是封住自己的脚，让自己不要走动。

其实你不走，时代也会走，等你走出门时，会发现，这个世界已经不同了，当这个时候再来害怕，就会晚了一些，每一次的机会，只会对准备好的人预留，不向前冲，就只有掉队的可能，这就是时代的残酷、时间的可怕。

现代人的压力非常大，所以我喜欢用一秒两秒这样思考时间。一个人每一秒的效率决定着他一天的效率，这绝对关系着一个人的时间观念。有的人能在规定的时间完成所有的工作，有的人却不能。就算你自我催眠，告诉自己已经完成得很好了，但时间会告诉你，你在自己骗自己。

这个思考方法运用在时间观上的现在与未来之间最合适不过，你阻止不了未来的到来，所以你的现在很有可能是你的未来。你的未来什么样不是上帝说了算的，不要什么事情都怪在上帝的头上。上帝是个喜欢打盹的天神，不会时刻盯着每个人的变化；如果你不变化，那么时间会推着你走向未来。

现在的我们并没我们想象的那么重要，因为现在的厄运只存在于现在，并不是代表着未来；现在的财富也不代表着未来的一切。不要用一面镜子照自己，可以用多面镜、哈哈镜，照得全面了，才看得更清楚。

有些人可以创造奇迹，有些人则一生平凡，这不是差距，而是追求不同。有的人打一生下来就没有任何希望，他最大的志愿就是平安一生，其实这也是非常朴实的希望，要完成这个希望，也需要每天的努力。不管哪种希望，都是值得去努力的，我不否定任何人任何的希望，只是我希望在追寻的过程中，大家要清楚一点——你的现在，绝对不是未来；你的现在没有那么重要，它根本阻碍不了我们。

真正能阻碍我们的，就是我们那不肯敞开的心，不肯释放的希望。有的人喜欢异想天开，他敢想敢做，这不是他天生的能力，而是他相信他能做到。其实每一个大人在小时候都是敢想的勇士，每一个人都是一颗璀璨的星星，但最后都会渐渐融入大众，融入平淡。那不是因为改变，而是你不再相信的结果。如果在你眼中那些希望都是奢望，你就会不敢想象。

你宁愿守住现在，也不想放弃所有，追逐未来。

朋友，"现在"阻碍不了我们，所以别以"现在"为借口。没有尽力过，就不要否定你的未来，守着你的现在。现在的你改变不了时间会推着你走的事实，你不是时间的使者，决定不了你终将变老的现实。

等老了再后悔，说明你从来没有改变过。这是很傻的一件事。

普恩的离开对于他的学生来说是非常大的损失，可是不管他离开多久，什么时候离开，他所留下的宝藏会永远被人所记住。我为能成为他的朋友而感到自豪，他是我见过的最善于发现时间的人。他不会否定自己，不会否定自己的未来，就算全世界都不相信他能做到，他也会用行动告诉你，你错了。

如果你不服气，如果你不甘心，其实你大可做出来，让别人看看。然后他们会闭嘴，并且相信你，支持你。别担心现在没有人支持你，那是因为他们还没有看见你的优点。每个人都是特别现实的，他们不会在意你的过程，只在乎你最后有没有做到。只要你做到了，一切解释都是不需要的。

因为如果在未来的某一天你做到了，所有人都会为你鼓掌，为你呐喊。你可以告诉所有的人，你没有辜负过自己的希望，你用尽全力完成了你所希望的；你不是在说一种奢望，因为你把它变成了真实可见的事实。

当我们的生命是一条直线时，我们会遇见无数的小数点，这些点就是我们每次需要面对的困难，也是我们每次要经过的现在。这些点根本无法阻碍你走向前方，但如果你守住了一个点，再也不敢往前，那么你就停留在了某个时空的过去时里。

你将会被时间的使者所遗忘，因为你从未改变，从未想过改变，你只想做某一时间段的你，而不是未来某一时间段的你。

　　每个人都有选择的权利，你选择做怎样的自己，要看你着眼于现在还是未来。

　　不如我们来做一个测验吧！

　　假设你是一只兔子，在草地中奔跑时遇见了一只野狼，你会选择逃跑还是留在原地？

　　如果你选择留在原地，那么你会被吃掉，这样的你会选择你的现在，而不是将来；然而你如果选择逃跑，那么你将有可能活下去，这样的你会选择你的将来。但你有可能还缺少一些勇气。

　　80%的人都会选择逃跑，因为这是作为一个人的本能。在大森林里，每个动物的本能就是活下去，这是它们唯一的希望；然而人在社会的活动中开始有了更多的选择，他们也要活下去，但活下去的姿态有千万种，每一种背后都会有不同的未来，这就给了爱逃避者借口。

　　当人真遇到危及生命的事情时，每个人都会选择逃跑，因为保住生命要紧。这就是你还选择待在原地的原因——还没有到危及生命的那一刻，所以你会选择安逸地享受着你的现在，等火烧眉毛时你才会期待着改变。我相信每一个迫不得已改变的人背后都有一个不得已的理由。

　　但是我现在要告诉你，想着等危机来临时再改变是最傻的一种选择，因为在这种选择下你将变得别无选择。

　　你可能会笑，这是多么可笑的故事，但是现实中经常发生。我遇到过一位病人名叫简，她是一个很漂亮的女人，但她却是一个非常畏惧改变的人。她在焦虑到自杀了几次后才终于踏上了治疗这条路，我问她："你为什么现在才过来？你不觉得自己应该早一点接受心理治疗吗？"

"医生，我害怕有人说我有病。"简的手腕上那一道道刀痕清晰可见。我笑着对她说："难道你掩饰，就会解决这个问题吗？"

"我知道不能，所以我来了。医生，你可不可以让我在很短时间内恢复心理的健康？"她拉着我的衣袖，哀求着我，我看着她碧蓝的眼睛说："如果你是摔跤了，或者只是受伤了，我相信包扎一下就能马上康复。但是你的心理出现了问题，这就不是我说了算了，因为你才是你灵魂的主人，你希望它什么时候好，要看你怎么决定。"

她非常配合治疗，所以好得比较快，但是病情总是反复发作，这让她非常苦恼。明明她十分努力，为什么总是会恢复到从前的状态？后来有一次我发现，她总在强迫自己完成一些治疗任务。我给她进行了进一步的检查，发现她患有轻微的强迫症，对于这点我找她深入地聊了聊。

"你是不是给自己的压力太大了？"我看着她，她点了点头哭着说："医生，我非常不愿意承认我是病人，我只希望立刻能恢复健康，立刻能出院。我害怕别人对我指指点点，我痛恨生病的自己。"

"可是你的焦急并不能解决任何问题，你现在不仅没有康复的迹象，反而越来越严重。如果你无法接受自己，你根本就不能好好地接受治疗。每个人都有困难的时期，你也不例外。别人怎么看你并不重要，重要的是你有没有真正看过自己。"我给了她一张卡片，让她每天按照要求写上爱自己哪一点的回答。她的情况在治疗下有了改善。

　　简就是那个害怕改变，但关键时刻却急于改变的人。如果你像她一样，那么就要从现在起好好思考：为什么你接受不了你的现在？为什么你不相信你的未来？

　　◎ **选择做怎样的自己，要看你着眼于现在还是将来。**

◎第八章　过去只会成为历史而不是未来

我们在煮开水的时候，时常会期待水煮开时那种沸腾感，因为我们渴极了，急需这一杯白开水。在我们期待把这杯白开水送入嘴里的过程中，我们根本不会去在意它是由海水经人类加工后得到的自来水，你只是知道它有这段经历而已，并不会因为它有这段经历而改变把它送入你口中的事实。时常有人会过分在意过去而忽视了将来需要面对的，我们懂得希望，也开始运用了，可如果你对自己的过去自卑于心，那么你将不会看见你的现在与将来。

我认识朱迪的时候，她已经是我们医院的护士了。她有着一双漂亮的大眼睛，可她非常不愿意与任何人接触，每天除了上下班，我极少看见她笑过。她有一次拦住我的去路说："比恩先生，我想与你单独谈谈。"她看见我疑惑的神情，立刻向我解释道："不，绝不是你想的那样，我只是想问几个问题而已，关于我自己的。"

得知来意之后，我答应了她的要求。她请我吃了意大利面，我们聊了聊医院里的事情，也谈了谈生活。她转而进入了正题，开始说："比恩先生，你知道我的过去吗?"

"这跟你现在有什么关系吗?"我皱眉问她，她继续说："当然，我过去胖极了，现在我非常困扰，有个男人追我，可我一再拒绝与他约会，我害怕他知道我的过去。"

"朱迪，你现在很瘦。"我笑着说。她皱眉看着我说："我知道，但我还是很在意他会不会因为我的过去而介意我。"

"如果没有那段过去，你也就不是现在的你，更不可能抓住未来的你。朱迪，相信我，如果你勇敢一点，没有人会抓着你的过去不放的。"我谈了谈我的看法，她听得很认真，这次愉快的交谈让我清楚了为什么她不愿意与任何人接触。因为她内心非常害怕有人提起那段过去。当我问她为什么想找我聊聊时，她告诉我，因为我是一个沉默的人，她认为我不会将今天我们所说的话告诉任何人。我不明白她为什么会这么相信我，这不是我要深究的问题，我深思的是：当我开始观察60%的人都介意现在的状况的问题时，其实有30%的人都在介意过去的状况。

现在所发生的会成为过去，那么过去已经发生的会变成什么呢?

会变成历史。

大部分的人会因为过去而否定现在，担心未来，这与希望的关系非常微妙。希望不会带来这种感觉，但正是因为强烈的希望才会如此重视。其实这其中的种种原因最根本的还是自卑在作祟，希望只能带给你前进的力量，但是它不能让你忘记你的过去，让你相信你的现在；它只能让你追逐着它的脚步前进，但是你如果停步于现在，看重于过去，你将很难迈向未来。

希望力量的大与小，完全取决于你的看法。你相信，那么你将爆发强大的力量，让你乐观地看待任何问题，即便遇到了难题，你也会找到方法去解决；你不相信，那么你将不会拥有希望的力量，会停滞在那里，等待着有个人给你希望。

人的一生就像是走在滚轮上，不进则退。不管你是在乎现在还是重视过去，都是不进则退的表现。就像一个大家所熟知的小故事里讲的，有三个人要被关进监狱三年，监狱长允许他们三个人每人提一个要求。美国人爱抽雪茄，要了三箱雪茄；法国人最浪漫，要了一位美丽的女子相伴；而犹太人说，他要一部与外界沟通的电话。三年过后，第一个冲出来的是美国人，嘴里鼻孔里塞满了雪茄，大喊道："给我火，给我火！"原来他忘了要火。接着出来的是法国人。只见他手里抱着一个小孩子，美丽女子手里牵着一个小孩子，肚子里还怀着第三个。最后出来的是犹太人，他紧紧握住监狱长的手说："这三年来我每天与外界联系，我的生意不但没有停滞，反而增长了200%，为了表示感谢，我要送你一辆劳斯莱斯！"

这是一个流传很广的故事，我相信大部分人都听过，我是从我外婆那里听到这个故事的，就因为这个故事，我才开始关注生活，关注心理。这个故事对我至关重要，三个人同时进入监狱，这是他们现在的状态；他们是不同国家的人，这是他们的过去。然而过去与现在的状态并不是决定未来的关键因素，最关键的因素在于你要什么。

希望是想要什么的最直接表现。美国人希望抽着雪茄过日子，所以他要求得到雪茄；法国人希望有人陪伴，所以他要求要一个女人；而犹太人希望能与外界联系，所以他要了电话。他们的出发点不同，所以结果不同。每个人的需求都是对未来的需求，这决定着未来的结果。我们的过去与现在只会存在于历史，这是非常残酷的事实。一个人再怎么辉煌，也终将有入土的那天；一个人再怎么倒霉，也终有翻身的那天。

这三人非常相信自己的选择，所以得到了他们想要的结果。在这里，我并不是感悟出了到底哪种选择才是最好的，而是开始清楚地知道我的未来跟我的过去、现在都没有关系，它只会跟我的选择、我的决定有关系。朱迪在意她的过去是因为那段记忆对她来说具有一定的分量，她非常看重那段过去，她就像卡特一样，但是卡特介意的是他的现在，而朱迪介意的是她的过去。

不管是哪一种，在我看来都是自我断定未来。打个比方，你是普恩，按照卡特的想法，那你将一辈子也听不见任何人说话，也不可能与他人进行交谈。因为很现实的问题，你现在是个聋子，一直困在了你是个聋子的思绪里，根本意识不到时间是往前走的。你虽然不能改变你是聋子的现实，但是可以改变因为是聋子而产生的痛苦。那么按照朱迪的想法，你将一辈子陷入你曾经不是聋子的旋涡里。你只会记得过去你是那么的健康，这样的悲伤情绪将一直延续到未来，这对你的生活并不会有什么帮助。不管你是用卡特的思想在生活，还是用朱迪的态度在过日子，朋友，你如果拥有希望，但从来不敢走近它，那么你的希望就如同泡影，是你永远也到不了的彼岸。

我们在不同的生存环境下养成了现在的性格，或许你不够优秀，或许你还非常窘迫，但是我们不能因此而否定自己。就这些例子，我们可以看出如果你在自己的思想地牢里，将很难找到出口。比如，你是一个正在奋斗的青年，将为自己的未来而奋斗，可是就在此时，你却发现你一无所有，没有资金，没有朋友，没有任何可以利用的条件，难道你就不去奋斗了吗？

是的，你可以选择不去奋斗，你绝对有这样的权利，可是那样你的希望就会泡汤。90%的人会选择去埋怨生活，埋怨身边的人，埋怨机遇；只有10%的人会继续通过努力去达到自己所要的希望。这就是所有成功人士的共通之处，他们不会因为希望的渺茫而觉得自己完成不了。会有人称他们为傻子，他们在执着上确实是个傻子：首先必须拒绝一切比现在更好的诱惑；然后要不在乎现在的窘迫，努力坚信终有一天会改变；最后要不被过去而阻挠，心中只相信自己。

有的人会因为一个人的某一个时段而断定他的未来，假如有个人是乞丐，所有人都不会认为他曾经是个富豪，断定他从出生就是乞丐，会怜悯他，给予他施舍。或许他曾经是个富豪，只是现在落魄了而已，有千千万万的可能。眼睛所看到的未必是全部，每个人不见得都喜欢去管究竟，但是对你而言，要学会掌握一种让你迅速迈向希望的方法。

解决这个难题比起寻找希望要困难一些。对于寻找希望，你只要明白地认识你自己，并且清楚地告诉自己要什么就可以了；但是要学会控制自己就需要非常多的时间了，这是一种习惯问题。就像朱迪，她十分清楚不应该顾虑过去，但是她已经习惯性地不自信，那么她很难在短时间内改变这种习惯。我们会有很多的习惯，其中包括那些坏习惯。

这些习惯足以让我们有许多的顾虑，因为我们要变得更好，所以我们需要学会控制。控制这种事情是非常需要定性的，我尝试过改变晚睡的习惯，但是总是时而好时而坏，不见得每天都能控制得非常好。控制情绪更是难上加难，在这里我要说的是控制习惯性判定。

习惯性判定是一种片面的决定方法，这种习惯性判定非常影响客观的决定。像朱迪，她会习惯性自卑地认为她的过去不会被青睐的男人接受，她并不知道那个男人会不会接受，只是凭着她习惯性的判定来认定这个男人不会喜欢上她的全部，其实结果却是未知的。她这种片面决定的行为就是习惯性判定的常见现象，你也常会没经过头脑就做出选择吧?

有一些事情要求你凭着第一感觉去选择，这就是在测验本质的你到底是怎样的。因为最直观、凭着习惯性去做的选择往往能透露出你当时的心态，这些习惯性判断不见得都是你所希望的，可你就是会这么去选择。

你改变不了你的第一选择，但是你可以通过深思，慢慢地把习惯性判定加个疑问号，凡事都问一问：真的如此吗？也许是我想多了。

卡特之所以抱怨，就是因为他觉得周围的人给他所带来的压力并不是他所能承受的。我们不需要对现在或者过去的事情不断地去分辨真假，分辨对错，因为这一切都将成为历史，只是你人生的一部分，绝对不是你的全部。

我们的目的是奔向希望，这个动态是主动性的。像卡特与朱迪就

121

非常被动，他们犯了同一个错误。不管在乎过去还是在乎现在，都是一种等待性的猜测。他们并不知道结果，但是庸人自扰般地自我矛盾。卡特十分想改变现状，但他认为是周围的人并不给他机会，他喜欢这份工作，但是没有十足的信心保证以后会更好。他这种顾虑是许多新入职年轻人都会有的，他们并不清楚这份工作到底选得对不对，以后会不会有前途。

在害怕付出时间却得不到好结果时，他们往往会选择放弃，然而选择放弃的前半场都是在自我矛盾，所以卡特现在开始自我矛盾，他非常不清楚该如何去面对消极的心情，也不知道该用什么心情继续努力。

如果你像卡特一样，那么你要做的第一件事就是消除消极的心态，相信希望会成为现实。当卡特开始反复思考他的选择是否正确时，就预示着他在否定他的希望，质疑他是否适合这个选择。如果没有走到最后的时候就去否定，你永远也吃不到那颗甜瓜。当你觉得自己糟糕透了的时候，你可以这样反问自己："真的吗？我真有这么糟？可能不是吧，一定是我想得太多了。"

我们在徘徊的时候，会花80%的时间来假设问题，想象结果，这是正常现象。我们有时候会通过这段时间的思考做出非常好的决定，有时候也会更加困扰。但不管是哪种思考，总是改变的福音。那么该怎么区别思考与习惯性判定？

卡特与朱迪的状态并不是在思考，而是在习惯性判定。他们做了决定之后，就开始怪上帝，想着"是不是该放弃"，或者已经在考虑放弃的方法了。而思考则是你问自己，为什么？如果卡特问自己，为什么我的业绩不理想？那么他所关注的焦点就不会落在其他人，而是自己身上。他会关注他的问题，并且思考他的问题所在，解决它，这才是思考的本质——发现问题，解决问题，得到继续前进的动力。

你现在是在思考还是在习惯性判定呢？

邦妮是朱迪的同事，她们却有着不同的思考方式。记得有一次，她从我身边走过，明明是我将她不小心撞倒在地，她却对我说："对不起，我没看路。"她的道歉让我觉得非常意外，明明是我没有注意她冲过来，所以把她撞倒了，她却跟我道歉。我不好意思地说："对不起，是我没看见你。"邦妮笑着拍了拍我的肩膀说："比恩医生，你别跟我争了，我们是一起撞上的，各自有各自的错，我只需要明白自己的错在哪就够了，下次走路注意，我们就再也不会撞到一起了。"她说完就去忙了。这让我震惊，没有一个人会不埋怨，但是她却清楚地知道发生问题时应该首先问问自己哪里做错了。

邦妮总是经常以笑待人，我从来没有见过她抱怨任何人。她每次出现了错误，就再也没犯过第二次。从那天后，她再也不在过道急速奔跑，每次遇见她，都是见她放慢自己的脚步，我再也没跟她碰撞过，也没有见她跟其他人碰撞过。一次我在街上遇见她，就聊了会儿，才知道她家住得离我家并不远。我跟她聊着"希望"的话题，说了说伊格尔与伯德的故事，她一听非常惊讶，笑着说："还有这么神奇的事情？我真想认识那位叫伊格尔的人。"

我回答道："下次带你去见他。你也有难过的时候吗？我常见你笑。"

她笑着说："每个人都有难过的时候啊！我刚开始从事护士这一

职业的时候，非常不习惯。我讨厌脏透了的东西，可作为护士，我不得不清理病人的唾液，还有那些我这一辈子都会讨厌的东西。我想过要怪上帝，可后来我觉得那真是一种浪费时间的行为，既然不打算离开这个行业，那么我就要去适应它。"

我突然对这个年纪不大的女孩另眼相看，她能自己调节心态，这是难能可贵的。我继续问："你是怎么调节过来的？经过了很长的时间吗？"

邦妮开朗地笑着摆了摆头："没有，一瞬间的事，想了一晚上就决定了。"

我们这次聊天非常愉快，她给我带来了许多正面的力量，她是个天生乐观的女孩，有时候习惯性判定是根据每个人的性格来形成的。像朱迪，就是属于对过去悲观习惯性判定，未来会受过去影响的那类人；而卡特则是属于对现状悲观习惯性判定，未来此路不通的那类人。不管是哪一类，都需要开始面对自我调节的问题，只有克服这个习惯性判定，你才可能正确面对生活。

我们走在通往美好希望的未来之路上时，需要做好心理准备，必须明白几点：

1.你的未来是可以通过你的双手进行规划创造的；

2.你清楚现在的我们绝对不是未来的我们；

3.不要被过去所牵绊。

做好心理准备，我们才能让人生的旅行变得更轻松一点。别担心，你不是一个人，这个世界上有千千万万个卡特，有千千万万个朱迪，但每个人都应该像邦妮一样，很透彻地看到生活的本质，清楚地知道适者生存的道理。如果你不打算放弃，就请像邦妮一样，看清楚。如果你不换种心态，就只有自寻烦恼。要想学会笑，就应该看懂改变的本质是越变越好。

　　不管是我们的现在还是过去，都将会随着时间的推移成为历史，不要太在意那些过往，那只是我们的记录，并不是终点，没有到最后那一刻，千万不要否定曾经的努力。

　　很早以前有位老人，他每天都在干一件事情，我们这些邻居并不清楚他在干什么，只知道他每天都会从这个小区去另外的小区。有一天，一群小孩跟着他去看了看他究竟在干什么，几个小孩回来后四处说这位老人在干一件非常无聊的事情。我因为好奇第二天也跟着这位老人去了他的目的地，只见他一个人到了墓地，原来他每天都会来看他去世的妻子，一待就是一天。他会陪着她聊天，陪着她看日出，看日落。

　　我上前问老人："先生，你在这里干什么呢？"

　　"陪我的妻子慢慢变老。"他说出这句话的时候，我觉得很感动，于是我继续问："即便她不能再说话？"

　　"是的，我相信她在我身边，我所做的，她看得见。"老人执着的样子可爱极了，我不忍再去打扰他，看着他与那墓碑靠得那么近，就像他所相信的那样，好似他的妻子真的在他的身边一样。我回到家后与我妻子分享了这件事，她感动地抱着我说："我没想过我们身边竟然会有这样的人。"

　　是啊！我也不曾想过我们的身边竟然会有这样的老人，他就像一个天使，向所有的人证明着一件人们看不见的东西的存在。那件东西

125

比爱情更珍贵，那就是无尽的希望。他期盼着第二天对着一块墓碑聊天，因为他觉得那就是他的妻子。他希望每天都能如此，这就是他活着最好的礼物。能如此坚持下去的人，唯独有希望的支撑，才会日复一日。

他根本不会在乎他做这件事的结果，他只是知道要这么做。我看着他的坚持，突然有了种燃起希望的力量。我们中有几个人会像这位老人一样，相信了就去做？很多时候我们不是自我质疑，就是否定那些夸张的设想。这个世界上到底有没有幽灵？到底死了以后我们会去上帝那里，还是地狱？根本就没有人知道，但是这位老人却如此相信他的妻子在看着他。

有时候我们总喜欢说，这不可能吧。说多了，就真的不敢去想象了。面对每件事都抱着不可能的心态，就很容易陷入自我的矛盾。你可以习惯性判定，但是绝对不能习惯性否定。如果有疑问，就去试试吧，朋友！

不要从否定开始走这条路，我们的人生会遇见很多不同的道路，就算你否定了这条道路，也总会有另外一条道路为你敞开，可是不一定每一条道路都适合你。曾经有一位病人康复后经常会跟我用电话聊聊最近的情况，他有一次说到他新招了一位助理，那个女孩只干了一个月就离职了，问她原因，竟然只是因为工作枯燥，感觉没有在这个岗位上发挥大作用。我的那位病人则劝着说还没到时候，可那位年轻的女孩根本就没有耐心，还是选择了放弃。我的病人向我说起这件事的时候，我笑着说："没有耐心的人，看到的希望会很单一，等她成熟了，会学着适应的，现在她还年轻。"

那位年轻的助理干了一个月就选择了放弃，说明她与卡特一样，是对于现在状态的一种过早否定，习惯性判定促使她很早就给这份工作下了一个不好的定义。实际情况是不是如此呢？也未必，我们总要看清楚后再去决定才比较符合事实，如果第一印象累积的埋怨成为了决定的主导，那么很容易会出现偏差。事情真的如你所看到的那么糟吗？

刚来了一个月的她到底能看到多少？也许她只是欠缺一个机会，而不是这份工作不适合她。当人遇到挫折的时候，不外乎会有两种心理：第一种是否定这件事的正确性，第二种是否定自己的存在感。

不管是其中哪种，都是没有做好追寻希望的准备，既然你要做，那么你就要坚持，不管是过去的，还是现在的，那些阻碍都会随着你的步伐而变得渺小。你回头的时候才会发现，那些矛盾，那些不敢，都是那么微不足道。如果你提早用未来的眼睛去看事情，会比现在轻松得多，不要去猜忌你所认定的未来，或许那只是一种你幻想出来的状态。

我们走在哪一条路上都与其他人的关系没那么密切，他人可以影响你，但是决定权永远在你的手中。如果你下定了决心，要追寻你所想要的，你就要学会如何用更积极的心态去面对挫折，一个没有风浪的海面是死海，往往看着一帆风顺的事情，本质并不会像看上去那样，越是有困难说明机会越多。我认识一个小伙子，他大学毕业的时候专挑了一家不怎么大的公司工作。我好奇地问："以你的能力应该可以去更好的公司，为什么你要选这一家？"

　　"朋友，你不懂我的远见。"他笑了笑拍着我的背说。我们算是朋友，他更像个小大人，非常有自己的主见。他常跟我们这些老头说人生大道理。后来我渐渐明白了他所说的远见是什么意思，在他毕业的时候，有大公司找他，可他选择了小公司。虽然从表面来看，小公司并不能给他带来非常可观的收益，但是过了 5 年后，他当上了那家小公司的副经理。在他的带动下，这家小公司逐步向大公司进军，又是只用了 5 年的时间，他坐在了他最想坐的位置上。如果换作大公司，他的机会会不会那么大呢？因为假如公司的所有职能都已经完善，管理化更明确，他就只能一步一步往上走，基本无望在短时间内优质地变化。后来我见到他时，他跟我说的一句话我非常受用："哪里有灾难，哪里才有机会。"

　　常常会有这样的现象，一个人说着："我想要。"说了无数遍后，依然坐在椅子上，根本无动于衷。如果你对他说："你要就去拿啊。"他会告诉你："我现在正坐着呢！拿不到！"

　　你就会说："你可以选择起身去拿啊！""那样很有可能会摔跤的。"他会回答。你又问："你是瘸子吗？"他又会回答："我很健康，只是我无能为力。"

　　这样的对话是不是非常可笑？如果你没有想好怎么用自己的手拿到自己想要的，你就不该反复地说你想要，因为说出来却不行动其实毫无意义，就像你明明不相信希望的存在，却告诉自己"希望在，它肯定在"一样，到最后你依然会不相信希望存在，因为从一开始你就否定了你想要的，再想去寻找，就会发现你根本就没有拥有过这个希望。

如果有一天你得到了你想要的希望，让所有人看见你的设想不是空想，那么根本不会有人在意曾经的你是怎样的落魄，是怎样的失败。当然，不是所有人都能得到自己所想要的希望，可是我认为，你努力过，至少知道这条路适不适合你，就算你的坚持没有得到任何人的赞同，可你却认清了自己。你首先要学会如何认清自己，知道你是由什么组成的。

就像煮开水，你的过去是海水，然而你会被过滤成自来水，这就是你的过去与现在。最终你会成为沸腾的开水，成为足以满足社会需要的栋梁。这是一种过程，每个人都有其价值，不管你是一杯热开水还是即将凉了的冷开水，终归是可以喝的。不要否定自己存在的意义，不要质疑你所希望的多不现实，这个世界正因为有那么多希望，才构成了不一样的生活方式。如果你想好了，就大胆去做吧！

在开始行动之前，你需要做好充分的心理准备，多问问自己是否已经确定，如果你这样选择，就要时刻准备着面对所有阻力。你有没有什么非常想做，但从未迈出过那一步的事情？

或者你只是走了一小步，就害怕地往回跑？

你所要准备的太多了，你没发现做好准备不顾一切地去追寻希望是多么困难的事情。如果你做好了，你会收获很多，但现在的问题是你究竟准备好了吗？

你如果现在大声地说"我准备好了"，会不会有点有气无力或者不那么自信？

如果你有以上情况，说明你还没有准备好。真正准备好的状态是说完这句话，你会觉得充满力量，会有动力去行动，去用未来的眼睛开始思考如何规划。那么，如果还没准备好怎么办？

朋友，别怕，其实这并不是什么值得难过的事情，因为每个人都会有这个过程。没有谁能很快地了解这一步哪里走错了，下一步应该如何进行，这需要一个等待的过程。你此刻矛盾也好，习惯性判定也好，都只是暂时的。在决定的时候，你可以适当回想我让你反问自己的话。你会发现，或许你这个决定下得过早了。

假设你打算放弃一件你本认为能够完成的事时，就要考虑几个方面：你是不是像朱迪一样，因为你的过去有某些不自信就否定将来的可能？如果是那样，你就不要急于做决定，不如再等上一等，或许你会发现你身边的人并没有你想的那么在意你的过去，他们更在意的是你现在如何表现。或者像卡特一样，因为你的现在不理想就否定将来的可能？如果是那样，你就要调整自己的心态。不如多问问自己"为什么"，而不是问别人"为什么"。或许通过努力，你会发现事情不像你所想的那么糟，还没到需要你做放弃这种选择的时候。

每个人都有一个从幼稚到成熟的过程，在这个过程中我们会面临很多困难。要解决这些困难，只要有一颗渴望的心就足矣。当你还是穷人的时候，你会想着怎么变得富有，在这个过程，你不会因为富有太难达到而放弃你的追求，其实道理是一样的，每个人都想着如何把生活过得更好一点，而你需要做的是给自己一点信心，相信自己一次，或许这一次你就能行。不要总想着你不行或者你可能不行，这并不是能帮助你的办法，你该勇敢一点。

谁没有几次失败的经历？谁没有过困难？每一个刚入职场的新人都会面临不被信任，但是这并不代表你不值得被信任，你只要做出自己的成绩，很快，大家就会认可你的存在。如果你因为他人的眼光而觉得不公平，那么你将会有太多需要在乎的东西。比如，隔壁的贝拉太太是否看重你，你隔壁的狗是否对你热情，你难道不觉得这些事情对你本身并没有那么重要吗？

别让你的过去与现在成为你的将来，你要追着希望，找未来。

结果并没有那么重要，值得回味的是你寻找希望的过程。邦妮最终度过了那段厌恶护士工作的过去，她开始享受这份工作，她已经适应了这份工作，将来她可能在这份工作上获得自己所需的希望。不管如何，她总在追寻着希望，其实希望是我们每个时段的一种想法，它决定着我们的方向。如果邦妮的希望不是适应并且胜任这份工作，那么她很有可能会选择放弃这份工作，放弃这份工作后，她必须再找另外一份适合她的工作。

如果希望经常被替换，我们常常会迷失自己，到最后你都不清楚下一步该如何做了。何不在现在的希望还有那么一点点曙光的时候选择坚持下去呢？

别在乎那些现在与过去，努力试试，也许你的下一秒会比这一秒更进步，谁也猜不到未来。

做好心理准备，将这条路走得更好。你要利用这股希望的力量，而不是等待着它消失后不知所措。你该坚持一个希望，做到它，把每个希望都记录下来，你会发现你正朝着终点快速前进。每次进步，你都会为自己而骄傲，成就感会随着我们希望的实现越积累越多。并不

131

是希望越多失望越多，而是你希望了，至少你尽力了，就算是失败也并不代表着你站起来后又会失败，如果每一次实验都能成功，也就没有了每次失败后的思考了。

我们需要常常反思自己为什么没做到，而不是反思别人为什么影响了你，或是过去的你怎么影响了你。

把自己的未来交给时间，我们的现在或者过去都会成为我们追寻希望的印记，这就像是一个记录本，它们只是记录着你的成长，并不是决定你的成长。我们该好好回忆，而不是把过去放在脚边，让它们成为你走下一步的阻碍。朋友，我们生活中的阻碍太多了，比如，我们出去散步，一不小心都会摔跤，既然摔跤你都不会哭，都不会害怕，为什么面对这些小事，竟然胆怯得想放弃呢？

做个勇士吧，未来的你会感谢现在这个努力并且不怕困难的你。不管你现在是什么样子，过去是什么样子，你都将做最有希望的你，因为你拥有的是希望，是未来。

◎ 别让你的过去与现在成为你的将来，你要追着希望，找未来。

第三部
希望成为现实必经的三步骤

◎第九章 规划未来：让希望成真

做好准备的你要开始行动了，该如何行动？先不急，在行动之前的行为叫思考，我们要善于用我们的脑袋想一些关于自己的事情。在开始思考之前，我们先来玩一个游戏，如果我现在给你一张白纸，你会把这张纸怎么折？

我当时就拿这个游戏测验过克肖，他对于心理医生有着莫名的好感，我认定他会乐意当我的小白鼠。结果他接受了我的测验，拿起那张白纸左右看了看后对折了一下，然后再对折了一下。他重复对折了五次，然后他拿着那一小团纸认真地看着我。我说："很好。"

他好奇地问："我有什么心理疾病吗？"我反问他："为什么会这么问？"

克肖蹙眉想了想后看了我一眼说："难道不是因为要测验心理疾病才做测验的吗？"我摇了摇头笑着说道："有些测验只是测试你的思维方式。"

他拍了拍我的后背，表达了对我的不满。

这个测验的目的主要是发现你对于规划的一种思维方式，有的人是横向思维方式，有的人则是纵向思维方式，要想知道自己属于哪种方式，就得从折纸这种游戏开始。你可以尝试着用不同的思维方式来进行折叠，这个游戏的目的并不是让你深究折纸艺术，而是想让你明白一个道理：每一种思维方式都是需要实践，并且需要时间的。在进行这个游戏的时候，你应做的第一步就是思考，思考这张纸怎么叠才会更好，更能叠成你想要的样子。

在这个过程中，你会进行第二步，那就是实施。你要按照你所想要叠出的样子一步一步进行。在第二步完成之后，你将进行第三步，那就是查看是否有错误。这已经是最后一步了，你已经完成了整个折纸的过程，在这个折纸的过程中，你所体会到的是什么？

人生就像坐在轮船上，我们要清楚我们所去的方向，了解我们所需经过的地方，最后到达了目的地，这个目的地就是我们的希望。其实要规划很简单，就像折纸那么容易，你只要在动手前想清楚你该怎么做就行了，然而就在想清楚该怎么做的同时，记住你要什么，明确到每一个时间段，你将会有收获。

在进行规划之前，你该明白你的性格、优势、缺点，这是你"要什么"的组成部分，你需要在这上面进行再分析，才能得到接近准确的答案。很多人非常明确自己要什么，但不见得大部分的人都能凭着直觉感受到内心最直接的需求，我们只能通过分析来明确最靠近我们内心的答案。

要进行分析，就需要分几个步骤了解自己。首先，你要清楚地知道你适合什么，适合什么的前提是从你的性格以及爱好中去读取的。比如，阿曼达是个天生的运动健将，正好她也爱好运动，就因为天赋以及爱好的重叠，她会更容易走上运动员的道路。有些机缘巧合并不是偶然，培养一个足够优秀的爱好是非常有必要的，你根本不知道哪天你会有机会让爱好成为你的优势，最后成为你永久性的工作。

你的爱好究竟是什么？如果你需要培养，首先要从你的性格着手。你是什么性格，是外向还是内向，这都是要考虑的因素。如果你是外向的性格，就可以考虑一些与人际交往相关的爱好，这样可以提高你的优势；如果你的性格偏内向，那么你就可以选择安静的爱好。每种爱好的分类都可以供任何人选择，其实每种爱好都会找到他的主人，有些人之所以并不感兴趣，那是因为他们根本没有用心去爱。

爱好，是你从内心深处发出的一种喜好，这是与你性格相融合的一种体现。在了解你喜欢一件什么事后，再进行进一步的分析，第二步的分析你就要考虑你的优势了，关于你会的，能成为你优势的，一定是你所无比擅长的，这对于你的人生有着至关重要的作用，这是决定你在别人眼中价值的魔法。但优势与劣势是并存的，一旦失衡了，所有的东西都会有了偏向。一个人优势太多会让人感觉他并不那么专注；过于优秀的人总让人感觉非常虚假，至少不那么真实。但这并不影响他未来的人生，他会走得比劣势占上风的人更好。

但是一个人的劣势如果占了上风，那么他的优势将很难让人看清楚，这样会影响他的发展。比如，艾德是一位了不起的电工，任何电路问题在他手中都将很容易解决，但是他有个不好的缺点，他经常会大发脾气。他的脾气真的糟透了，根本没有几个人能够与他很好地沟通，这促使所有人都尽量远离他。本来他可以让整个工作变得更好，却因为他的暴躁而让工作异常困难，经常与人进行无效沟通，不但耽误了工作，还影响了情绪。他这样的情况就属于劣势大得已经足以让人们看不见他的优势了。

使别人看不见他的优势会造成两个不好的结果，一个方面就是他在别人眼中的价值会发生本质性的变化，本来艾德是个能力非常强的人，他的优势能够为工作带来翻倍的效果，可实际情况并不是如此，他暴躁的脾气让工作变得更加困难，而且让团队有了不好的氛围。

另外一个方面则是，他没有提升的空间，暴躁的脾气让他的优势被掩盖，他并不能在优势中得到更多的信息，反而日渐被劣势所吸纳。就算他的能力再强，可他并没有多少发挥的余地，这是由于他的劣势足以让人们看不清楚他是个能干的家伙。

当我们对于自己的性格、爱好、优势、劣势有了一个全面的分析后，就要考虑下一步做什么才是最适合我们的。像艾德，他就不适合与人沟通，那么他可以利用另外的方法来解决这个问题，例如请一个朋友替他进行沟通，他只需要进行维修就可以了。这是一种转移法，把你的缺点用别人的优点去取代，那么你的缺点就会被最小化，使得如果不是深层了解艾德的人也许并不知道他是个暴躁的家伙。

如果利用好这个方法，艾德就适合继续做电工这份工作；换言之，如果电工这份工作极需要沟通，那么他就不适合这份工作，因为他并不能在这份工作上取得更好的成绩。不要选自己最喜欢的，而应选最适合自己的。有些人非常喜欢一件事，爱到不行，但不见得就真的适合往这条路上去走。如果非要坚持，从感性的角度来看，我们可以称之为勇士；可从理性的角度来看，这其实是一种盲目。

像伊格尔，他就非常能够转化自己的优劣势。在希望的地图里，你只有不断学会淘汰与进步，才能不断成长。这就是人生最好的地方，你能不断进步，你的思想会随着你的思考变得更加成熟。伊格尔最值得我们深思的地方，就是他清楚地知道什么最适合自己。他以前的梦想是环游世界，但是他失去了双腿，即便他求生技能再强，再熟悉地理知识，依然不可能再去冒险，因为他不适合那么做。

我们在人生的旅途中要不断调节自己的优劣势，要让这个天平一直处在一种平衡的状态，这样我们才有可能继续挪动我们的步伐。这是规划的第一步，你要十分清楚自己要什么，并且知道你最适合做什么。

你听说过"人生的成功不在于拿到一副好牌，而在于努力打好一副坏牌"这句话吗？这句话最初我是在劳伦斯·布林医生口中听到的。他当时看着我说了这么一句，我想了半天，笑着点头，非常认同他这个观点。每个人从出生到工作都在不停进行蜕变，每个人都或多或少有着自己的缺点。完美到极致的人总是少数，大部分的人都处于劣势占上风的状态，我们怎么让劣势转化为优势就是每一步改变中需要思考的问题。出现了糟糕的情况时，我们可以通过调整来进行变更，让劣势不那么凸显，甚至成为优势，这就是劣势的转化。

这种转化考验着我们的综合实力。首先，我们的承受能力是拿到坏牌时进行转化的最重要能力，没有这个承受能力我们的精神世界很容易崩溃，所以在增强自身优势的时候，我们也要考虑到心理上的优势。一个优秀的人往往是心理承受能力非常强的人，他们面对困难之所以能够淡然处之，源于他们内心的平静。就伊格尔而言，他是个平凡的人，但是在我眼里是成功的，他的承受能力比寻常人更好，他能够调节面临苦难时的心态，这一点至关重要，正因为如此，他会比其他人更快找到解决这个困难的办法，这个过程就是在转化。

你不仅要熟悉你拿到的这副坏牌，还要用最适合你的方式打好它。所以我们不要将优势过分放大，要客观评价自己的优劣，这样才能更好地断定未来的规划。就算发现自己缺点多于优点，你也不要慌张，每一个人都或多或少有着自己的缺点，这些缺点并不是你可以把控的，却是你可以回避并且转化的。你不必因此自卑或者难过，这些都不是问题。

只要你开始规划你的未来，就将实现你最初的希望。

现在我们来谈论如何规划的问题，你先前用折纸的方式了解了思考的方式，根据你的爱好、性格来进行调整，你可以折出非常多的花样，但是你会发现你的每一次改变都是在发现问题的时候。这就与人生中的转换是一个道理，当你发现了更有效的折法，就会将前面的一种给推翻。这并不是因为你前面的那条路走得不好，只是你找到了一条更适合你、更棒的路。

　　所以，每一次规划时都不要想着一辈子，也许你的下一秒就不在你的规划中，会出现或多或少的意外，你需要调整你的规划。要记住，规划是随着时间的推移，随着你的兴趣性格变化，渐渐也会发生变化的。在这个过程中，你要思考清楚，新的希望是不是真的适合你。

　　一般情况下，规划未来都会以三年为基础，三年内你有什么规划？

　　为什么三年会比五年更让人心里有底？因为在时间观念上，我们会比较偏向于就近原则。如果你回答我三年后要成为一位设计师，那么有大部分的人都会愿意保持观望的状态；但是如果你说明天将去广告公司做设计师，那么虽然一样都是将来时，你的时间设定在明天就会让人相信，原因就在于你能立即去做。

　　其实规划的目的就是实施，将所有的规划一步一步完成，这才叫做规划。但往往大部分的人只会选择说空话，到了实施阶段就不见得那么有效。如果你说你三年后要成为一位设计师，这个目标离现在会显得很远，在这个过程中如果你没有详细的规划，就会让人觉得你这只是在开玩笑罢了。如果不想成为一个笑话，你就该去实施你所规划的。规划可以分阶段来进行，每一个阶段我们干一件事，完成这件事我们再进行下一步。

　　想规划完成一个长远的希望，需要坚持以及努力，在这个过程中我们会遇见许多未知的问题，能不能坚持下去取决于你对于完成这个希望的决心与信心。很多人往往走到了半路，发现信心不大，会选择放弃。我就曾做过一个这样的实验，我让十位志愿者进入一个房间内，让他们找到出去的路，因为这个房间的设施比较陈旧，也很恐怖，大部分的人在精神压力下选择了放弃，而我最终没能在这十位志愿者中找到一位能在恐惧中战胜自己，在压力之下坚持找到出路的志愿者。虽然这次实验并没有取得成功，但是我相信会有能够抵住压力的人在这个社会上努力坚持着希望。通过这次实验我们可以看出，在精神的压力下，渴望找到出路的心会随着不安而加剧。

这种不安感会让我们渐渐失去信心，以至于放弃曾经的希望，停下脚步，更别谈规划了。我们在规划之前不可能预料未来可能发生的种种意外，所以应该尽可能把目标定得不那么遥远。三年的规划在一般情况下是可控的，但是谁也猜不到会有什么意外，所以我们可以把规划的时间缩短一些，比如，三个月规划，一个月规划，一个星期规划。

先说说一个星期规划吧，你该如何去安排？一个星期一共是七天，有人会认为这七天非常少，少到你根本不想去规划。如果你这样想，那就错了，我们的每一个月是按照周为单位去组合的，一个月我们只有四周的时间，这四周足以让我们发生很多的改变。比如，你打算给自己一个健康的身体，就不能总说"明天再说吧"，因为你的明天一天天推移下去，就可能会成为你的未来。

你有多少个明天可以推迟？学着从现在开始规划，会比脑子里充满着未来，却没有行动更值得人们去思考。我们首要思考的问题就是，你这一周，怎么安排最合理？

我前面已经讲过上帝做得最公平的一件事就是让我们每个人都拥有 24 小时，同时他也非常人性化地让每天只有白天与黑夜，这就是我们每个人能够操控的时间，这些时间组成了我们的过去与现在，让我们期待着未来。现在我要说说什么才是最合理的。

希望往往会有两个方面，我想先前你已经非常清楚是哪两个方面了，针对这两个方面，我们怎么安排才最合理？这就是我们接下来需要探讨的。现在还要跟我做一个游戏：有两个杯子，杯子里放了半杯水。你现在试图将水慢慢加满，同时数着数字，看数到几的时候杯子里的水会溢出来。如果你正好把杯子倒满，就说明你是个谨慎的人；但如果你让杯子的水溢出来了，说明你相对不能把控住。

这个游戏是测试一个人在注意力集中的情况下做另一件事的一个测验。同时干着两件事会让你本来集中的注意力变得分散开来，而这种注意力就涉及你对时间的把控能力。如果你是一个谨慎的人，你会对时间有着小心翼翼的心态，不会越过半步，所以对于你来说，时间把控能力会稍微好一些。这样的话，在规划的时候，你就可以将一周的事情在精神与物质方面有着平衡的安排。

每一个工作狂其实都不是一个规划能手，他们会牺牲掉自己的私人时间来充裕工作时间。从一个人的发展角度来看，他或许是成功的；但是作为一个全面的人来说，他是孤独的。每一个孤独的人都不是幸福的，希望之所以能带来幸福，就是因为它足够全面。一个人想从物质需求至情感需求都面面俱到，需要希望的支撑。一个人的时间如果全部用于工作，会让整个人生看起来缺乏情趣。

如果你是一个刚踏入社会的人，那么你就要从两个方面来规划你的未来，因为你的未来需要灿烂的阳光，而不是单面的墙。

在这个测验中，你会发现你是一个不能把控时间的人。请别慌张，因为这并不是一件非常值得难过的事情，每个人的性格与习惯都不同，思维的方式与控制力也会有所不同，你可以通过规划来调整你的习惯。如果你不能把控时间，就要学会从一件事开始，每天做一件事，最简单的也可以，比如给花浇水，或者带你家的狗散步，不管是什么，只要你从一件事开始做起，渐渐就会习惯这种规律，至少一天要做一件事。

一个不能把控时间的人，需要从时间开始抓起。你的每一分钟也是别人的 60 秒，你会慢别人一拍，可是这并没有什么问题，但丁曾说："走自己的路，让别人去说吧！"你只要过得像自己，活出了自己，就已经对得起你的希望了。现在来说说怎么让你的规划变得有用起来吧。对于谨慎的人来说，更重要的是平衡；而对于你来说，需要的是行动。

行动分很多种，一种是思维的行动，那是一种没有直接实施的行动，你会动脑子去思考需要怎么去做，需要怎么去规划，这是你前期必须具备的一种行动。然而后面一种行动更为重要，决定着你的起点在哪里。光思考的规划是异想天开，规划的最终目的还是实现希望，而不是空想希望。

如果你现在已经走在了人生的半路上，那么你就要开始进行日后的规划，即便你年纪已经不小了，也根本不用灰心，年老并不是注定无事可干。就像我说的，做你能做的，就已经实现了你所希望的。

我有一位叫麦克的朋友最近情绪不佳，他有一阵经常约我出去喝酒，我看他愁眉苦脸，就对他说："麦克，你这样让我很担心。"麦克拍了拍我的背，好像是在安慰我，又好像是在告诉我别担心。我继续追问道："你说吧！我会认真听的。"

"比恩，你不知道，最近我特别迷茫，年轻的时候我充满了力量，觉得我可以改变世界，所以我定下了宏伟的目标，正如你所说，我已经踏在这条路上了。可我现在特别迷茫，我觉得我的力量很微小。"麦克边喝酒边向我抱怨，我想了想后问道："你现在在做什么工作？"

"我已经失业了，我辞去了我现有的工作。我觉得那份工作看起来毫无意义，我经过这么多年的努力依然没有改变世界，依然还是那个我，没有任何的改变，这让我心灰意冷。我现在已经不年轻了，我真不知道还能怎么做才会让我看起来更有价值一点。"他沮丧地继续喝着手中的酒。我笑着说："你根本看不见现在的你是多么优秀，你比一般的人更成功，你有丰富的经验，有肯干的信念，你只是缺少一个机会而已。现在的你正是充满希望往前冲的时候。"

他不敢相信地看着我。他或许根本没有看见他是如此优秀，人在某些阶段会出现一种审美疲倦，在年轻的时候我们会对自己有着非常高的评价，以至于觉得自己能改变世界，但是随着年纪与失落累积得越来越多，我们会心灰意冷，会害怕再次起航规划未来。年纪绝对不是我们的阻碍，所以你根本不需要担心。你的时代已经过了，每个人都会有老的一天，但这并不说明你就比年轻人更差。你的经验是他们所没有的，你的阅历是他们所渴望的，所以就算你已经走完了人生的一半路程，也不要放弃对未来的规划。

不管你是什么样的思维方式，都可以试着从 7 天着手。每个 7 天对于你的意义就如同生命那么重要，我们可以将 7 天划分为一个 3 天，一个 4 天，这是分段标准。3 天里你将完成什么？4 天里你将完成什么？

在这个问题上你需要思考的是你每小时能完成什么，这是就工作而言。如果就生活而言，我们就该考虑精神方面的需求，我们可以按 7 天来规划，比如，有一段时间的一个 7 天我将用来休息，具体怎么休息，休息了去哪里，都要看你的规划。

探险家们的规划性就会比一般人要强上许多，他们会规划好一段时间内要走的路线，这些路线就是他们所规划的目的。其实每一个人在社会上都是一个探险家，我们也许会碰见洪水猛兽，也许会撞见高墙，但是我们会像勇士一样前行，希望就是我们的利剑，能斩断所有绊住我们脚的草藤。要想做一个勇士，你首先要明确地知道这个规划的用途，并且掌握时间分配的方法。

很多人在时间分配上就像一个婴儿，他们更多的是浪费时间，比如海利就经常浪费宝贵的时间用来睡觉，每当他向我抱怨生活多么难受时，我真不想与他多谈。他的惰性就像毒药，缠着他不肯放手，我总试图让他看见自己的问题，可他永远都在怪罪上帝，觉得时间太少，不够用。一个人的时间是有限的，谁也不会凭空多出两小时，完全要靠着我们的规划能力，才能在短暂的时间里过得充裕。

有的人会觉得时间过得很快，有的人会觉得时间过得很慢。曾经有一个人向我说："我真觉得我的时间太少了，每天在我还没有看清楚自己的样子时就已经过去了。"对于这样的人，他们的时间之所以非常短暂，是因为他们每一个时间段都在做着需要完成的事情，每天的时间耗费在无趣的事情上，就会让时间幻觉性地延长；但其实这些时间并没有延长，只是看上去像是延长了一样罢了。

让希望成真是每个人都想做的，可往往并不是每个人都能做到的。

在这里，我要说的是如何让你做到，首先你该明确"你要什么？你的希望是什么？"然后你要非常清楚"你的自控力是怎样的？"接下来就要思考规划的时间安排了。

时间的安排与规划有着密切的关系，规划是大方向的，比如你今天要干什么，这个干什么就是你的规划，具体要怎么干就是时间安排，只有两个方面很好地结合在一起，我们才能更靠近我们所要完成的希望，让希望变成现实将不再是空话。但是怎么样安排时间才最好呢？每个人对于时间安排都有自己的见解，有的人认为越紧凑越好，有的人则认为要松紧适中。

在我看来，最可取的一种办法就是用最适合你的时间安排法则来进行时间安排。有的人习惯了紧张的节奏，但在这个紧张的节奏中，你不一定要将压力大的事情全都安排进去，也可以安排自己看一部轻松的电影，或者与朋友去外面散散步。那么，事件的分类又是什么呢？

在这里，你的脑子里就要非常清楚我们的未来包括哪些，如果你未来想成为一个有很多钱但是身体却非常差的人，那么你可以用你全部的时间来工作，消耗你的身体能量，当资源耗尽的时候，就是你为自己的偏执规划付出代价的时候，那一堆的医药单足够你用你所挣到的全部来偿付。如果你未来想成为一个幸福的人，那么就要从各个方面着手去规划，即便是散步、运动、恋爱等看上去跟规划未来并不那么相关的字眼，也要考虑进去。

幸福是由很多个已经实现的希望组成的，你要清楚地知道每一个人都会有多种需求。像克肖，他虽然是一个酒鬼，可他同时也是一个

147

丈夫，是一个孩子的父亲，最后，他还是一名骨科医生。他有他的事业，也有家庭，他对于每一种希望都有所追求。他希望每天可以喝酒，希望妻子能够幸福，希望孩子能够健康，希望事业能够成功。在这么多的希望都达成的时候，他会觉得很幸福。有的人会片面地去追求事业的发展，而忽略了本身的情感需求，在我看来那是非常笨的。

在规划未来的时候，请全面地考虑你的需求，不要因为偏激的情绪，让你误以为任何一种片面的成功都能让你感觉到幸福。你要做的是追求希望，而不是追求财富，如果财富足以让你找到幸福，那么你就可以大胆地不顾虑其他方面，进行着你的规划。

在这里，我所提倡的是全面性的规划。首先，第一步，你需要规划你的事业。

事业对于大部分人来说都是非常重要的，除非你是一位天生的事业家，根本不需要规划，就能做到你想做的任何事。如果你不是，那么你就要学着规划。在事业这个问题上，很多人都会陷入迷茫，要找到值得努力奋斗一辈子的事业太难，很多人刚刚走上社会就会期望能够找到一辈子的希望，我想说，这是不可能的。80%的人进入社会之后会选择与最初希望相反的道路，会在这个过程中产生新的希望，这就是人生最有趣的地方，我们不可能去要求自己的一辈子，我们只能要求当下这段时间的自己不要变得太多。

规划的目的是完成，按这个思维方式，我们就该把目光放在靠近自己身边的位置。我说过，三年的规划比五年的更有实践性，除非你规划的不是一个人，而是整个国家或者公司，否则，三年已经足够你去发挥了。

那么这三年里我们该如何去规划我们的事业？

首先要从你需要从事的行业开始了解起，例如，这个行业是怎样的一种要求，而你是否达标。如果没有达标，首要的一件事就是让自己符合所希望从事岗位的工作技能要求，这样你才有资格竞争这个岗位。如果你已经达到了这个岗位的要求，那么你就可以从人际交往的角度出发，去思考这个岗位是否适合你的性格，是否会需要你的人际交往能力。

当你的一切都符合这个岗位的要求时，就要考虑你的未来发展了。例如在三年里，你在当前的岗位上需要达到一个什么样的变化。有的人会希望得到更多，那么在规划当中，你就要考虑你怎么才能得到这么多，是靠技能，还是靠人际交往，以及你要有怎样的突破才能达到你所希望的位置。

有一次我在朋友口中听到了一个有意思的故事：一只鹰坐在高高的树上休息，无所事事。一只小兔子看见鹰并且问它："我能像你一样坐着什么都不干吗？"鹰回答："行啊，为什么不行？"于是，兔子坐在鹰下面的地上休息了。突然，一只狐狸出现了，它扑到兔子身上把它吃掉了。我朋友说完这个故事后笑着对我说："你看我现在像不像这只兔子？"他在嘲笑自己，但我一点也笑不出来，这个故事让我心里有了一丝寒意——有时候现实会比我们想象的更残酷，不是每个人都能成为鹰，但每一个小白兔却都会渴望成为天上的那个王者。在这个过程中需要付出什么，只有我们自己心里清楚。

所以，你如果想在事业上获得一个像鹰的位置，就该深思这份规划是否符合一只鹰的成长。

事业是我们人生的一部分，而不是全部，我一直这样认为。在工作之外，我渴望拥有美好的感情，其中包括亲情、友情、爱情。这些感情是我们人生是否完整的一个标志，虽然不能说没有这一部分会不完整，但是在我看来，一个人对情感需求是有着非常高的要求的，这些要求高于我们对事业的渴望。我曾问过一位单身主义的女性一个问题："你真不会觉得孤单吗?"她沉默地想了很久才告诉我："如果有一份爱，那么我肯定会奋不顾身地去爱，可惜没有。"

她很无奈，事业有成而且美貌的她，对于另一半的要求很高，所以她一直都没有找到属于她的那一半。我并不是觉得她不幸福，只是觉得她缺少的那一部分是值得遗憾的，但这又是不能勉强的，所以我给她的建议是多结交朋友，这是寻找的唯一途径，这样也许缘分会不知不觉地到来。在这一部分中，家庭是我们除了事业外另一个心灵的支撑点。你如果是单身，就要规划好如何去寻找，该怎样完善自我，等待你的另一半；如果你是一个家庭的成员，那么你就要开始规划，怎么样才能让你的家庭变得更好。

规划未来是一种用希望的方式来约束自己的做法，这不但会督促我们向前走，而且会清楚我们在干什么。当你知道你想要什么之后，务必要清楚你要怎么去干。

只有这样，你才可能把脑子里的那些想法变成真实可见的，只有真实可见了，人们才会承认它的存在。当牛顿还是个科学迷的时候，谁也想不到他的名字会成为一个代号，一种伟大的象征。你根本不知道你这么做了会产生什么后果，但是我要告诉你，不管这些事看上去有没有存在的价值，只要你做了，它们就是无价的。

别害怕失败的规划，别逃避心灵最深处的希望。既然希望了，就去规划它，完成它，这样你才对得起你所想的那些好主意，否则你不觉得它们消失得有点可惜吗？你如果不想让你的生活那么无趣的话，就开始做一个三年规划吧！

◎ **在规划未来的时候，请全面考虑你的需求。**

◎第十章　履行承诺：起航驶向希望

　　清晨在公园散步的时候，时常会发现树枝上的鸟儿叽叽喳喳叫个不停，它们非常渴望食物。每次路过一个树枝，我都能看见鸟妈妈在喂它们食物，渐渐地我开始关注这些鸟儿，每次路过都要看一眼。可是有天再次去看的时候，我发现它们都不见了，这让我担心了很久。又过了不久，我再去那个树枝下面，就看见几只小鸟在笨拙地扑腾着翅膀，有一只身体相对瘦弱的小鸟差点掉在地上。我着实为它担心了一番，但看着它渐渐飞翔在天空，我有一种说不出来的喜悦。

　　我们非常清楚每一只鸟都会飞翔，但是我们并不清楚它们是通过怎样的努力才能飞翔的。它们需要摔几次？甚至可能会有生命危险。但是它们这些小家伙却不得不飞翔，因为它们是鸟，这是它们想成长就必须掌握的一种技能。每一只鸟儿都向大自然承诺，它们拥有翅膀，所以要飞上天空，我想这就是它们身为小鸟所承诺的骄傲。

我发现这是件有意思的事情，就与妻子讨论为什么小鸟一定要飞翔，它们不能一直站在树枝上吗？我妻子看着我笑着说："如果是那样，那就不是鸟，而是鸡了。"

的确，如果它们不会飞，那么还算什么鸟呢？谁也没有规定鸟必须飞翔，可人们怎么会这么认为呢？

每一只鸟儿所能承诺的就是飞翔，所以不是摔死了就是飞在空中了。因此我们所看到的都是能飞的鸟。我们都非常清楚鸟儿有多么渴望天空，这是它们的天性，也是它们出生后第一个承诺。

如果它不能履行这个承诺，在别的鸟儿眼中就是一只鸡。

承诺对于小鸟来说是决定生命的一件事，它要完成这个承诺，才能够成为一只真正的鸟。其实大自然的所有动物都是如此，豹子要以飞速的奔跑才能抓到猎物，变色龙要懂得隐藏才能生存。在自然界中，所有的承诺都化身为了生与死的搏斗，它们需要向上帝证明它们确实是这么一只动物。

但是人类在不断的发展过程中渐渐失去了原有的本性，开始发展多面性，劣根性开始日渐凸显。谁也想不到一个老实的孩子会去干一些让人伤心的事，可社会上的各种问题就是这么开始日益加剧了。大部分的人都不曾实现自己的承诺，好像承诺不过是一种敷衍。克肖总是向妻子承诺不再喝酒，可他没有一次做到过，最后他决定不再承诺，因为他根本做不到。

为什么要承诺？

　　朋友，你有没有想过这个问题？小鸟可以用生命去承诺它将学会飞翔，而我们从出生起需要承诺自己什么，才能让我们拥有希望，拥有未来？你有一个非常完美的规划，那是你对于未来的承诺，这是你可以给自己的，但是你却忘了承诺的意义。

　　承诺是人生的推动力，如果希望是前进的方向，那么承诺就是你所要具备的良药。承诺之所以被称为承诺，是因为它本身蕴含着实现的意义。你既然说到了，就要做到，这样才是承诺，而不是你对着上帝说我承诺如何如何，但我不见得会做到，那不是承诺，是谎言。

　　能兑现承诺的人往往大受欢迎，最能聚集人脉的往往就是这样的人。可以说承诺在人际交往中的作用有很多方面，承诺可以有效地对付那些质疑。当你说一个希望的时候，没人会认为你会这么做，但是如果你这样承诺："一年后我一定会成为那样的人。"很多人会认为你也许真会那么做，他们会期待看看你到底有没有这样做。这就是承诺的作用，它可以提高你在人际交往中的受关注度，这种关注度有好也有坏。

　　承诺所带来的关注度，更强化了履行度。在他人关注下，你履行了你所承诺的，那么，在本来的关注度上会有更进一步的信任感；反之，你将受到不再被信任的惩罚。承诺与信任是成正比的。

　　如果你是一位企业管理者，但你所说的每一句话都那么无意义，我相信你身边的人也不会愿意听你再继续说下去。如果你想让希望越靠越近，就需要理解承诺的含义，承诺二字看起来挺简单，但是做起来非常难，难在你所承诺的是否能够实现。有的人善于轻易许下承诺，但实现的可能几乎为零。这样的情况下你将面临信任危机，信任危机在人际交往中像个地雷，这不但会影响你接下来的规划，而且会阻碍你交友的诚信。如果你承诺的事情没有按照你所想的那样完成，在下一次的合作中，你将处于劣势。

有一个关于小绵羊的经典故事，这个故事是许多孩童的床头书，父母总会在孩子睡前讲述这个故事。故事发生在很久远的时代，那是一个动物的世界，有一天小绵羊露露走在路上，因为无聊，她告诉身边的同伴们，她将爬过另外一个山头去找更新鲜的草给同伴们吃。同伴们听了非常高兴，也非常期待她这么做。露露享受着被期待的感觉，她已经遗忘了要去另外一个山头探路的事。第二天，一只小绵羊问："露露，你找到新鲜的草地了吗？"露露想了想说："我还没有出发，我明天就出发。"同伴们听说她明天就要出发，每个人都起了个早送她一程，可露露却赖在窝里，不肯出来。

同伴们都非常生气，它们认为露露在玩弄他们，于是都散了，露露得知自己的错误后，想去挽回时才发现所有的同伴都不再相信她说的任何一句话了，于是她勇敢地独自去了另外的山头。不到三天，她带来了喜讯，找到了新鲜的草地。所有同伴都非常吃惊，本以为露露根本不会履行她的承诺，但是没想到她真的这么做了。

之后，露露在小绵羊中有了举足轻重的位置。这个故事的寓意是执行力很重要，然而在这里还看得到更深层次的内容，那就是承诺所带来的期待与履行后所带来的信任对比。如果你是一个喜欢变化的人，就不要轻易去承诺任何事情，因为这样所带来的后果将是失去同伴们的信任。每一个想做头领的人都会有一个通病——喜欢承诺。

许多人会为了博得更多的关注夸下海口，像我认识的宾奇就是一个非常典型的人，他被我们称为"骗子"，之所以会有这个名号，是因为他所说的话就像是废话，没有一句是真去做了的。我刚认识他的时候，他并不是这样的，他当时还是一个非常老实的小伙子，但自打进入了销售行业之后，他开始说起了我们根本不敢想象的话。第一次，他对我们说："我将在十天内挣到三百万。"

我们都觉得他不是中了彩票，就是发了一笔横财，都为他庆祝，并且还商量好我们要到哪里去度假，他也承诺会让我们实现我们所想的。我们几个朋友都在期待着他所说的，十天后，我们将他约出来，问具体的情况。他一脸难过地说："真遗憾，那笔订单并没有被我拿到，但是我五天后就会升职。"我们对于他的遭遇感到非常遗憾，不断安慰着他，想着升职也是不错的结果，他也又发出了承诺："我五天后请你们去吃好吃的，等我电话。"

我们依然很相信他，只是对这次承诺，我们开始有了一些质疑。虽然有些质疑，我们都依然认为他会按照他所说的那么做。可是过了五天，我们并没有接到他的任何电话，所以我们认为他又是在欺骗我们。后来第三次我们见面时，他说着未来的规划，说他即将变成什么样子，已经无人再去期待或者安慰，他所要的关注已经变成了零。

而且他还得到了一个新的名号——骗子。

事实证明，从那之后他所说的每一句话，我们都要思量其中的真实度，这是一件非常累人的事情，有的人会干脆选择不再相信，连猜测都不再有，直接将他的话列入黑名单。我觉得这种情绪非常有意思，当承诺不能化成信任的时候，就会转化成为一种反面的抵触情绪。你会讨厌听到骗子说的任何一句话，当然也包括真话，很有可能他说的每一句话都是真话，只是你失去了对他的信任。由此可以看出不履行承诺所带来的后果是多么严重，别小看承诺所带来的副作用，它比毒药还要可怕。

如果信任是人际交往的纽带，那么承诺就是促进纽带松紧的调节剂。你如果太轻视你的承诺，就会被别人列入不可信任的人名单。其实未必每一个承诺一定能做得到，因为承诺是一种未来形态的约定，但是你没有履行承诺会带来反作用，此时你该如何去化解这种尴尬呢？

有的人性格比较偏外向，他们会在事情还没有尘埃落定的时候就宣布结果，这样会带来一定的影响，会让事情没有回转的余地。如果宾奇所承诺的事情都做到了，我们会以一种信赖的角度与他进行再次交际；可他的话不再值得信任的时候，他所说的话效果将会减半。宾奇应该看到自己的错误，在你看来，宾奇究竟犯了什么样的错误？

如果你认为他不该承诺，那你就是过于片面地否定承诺的意义了。承诺能促进人与人之间的关系，这是增加信任的好手段；但是承诺不能乱了它的步调，如果你对于一件事十拿九稳，相信你能做到，那这个时候再去承诺，你的承诺转化为信任的可能性会达到80%以上。但如果你像宾奇一样，每次承诺都在一种不确定的情况下进行，那么你很有可能会失信于人。我有次找宾奇聊了聊，问他："你为什么喜欢承诺一些你没有把握的事情呢？"

"我只是高兴与大家分享而已。"宾奇有些委屈。他看上去非常失落，我继续说："那你有没有发现大家并不想与你分享你的喜悦了？"

"是啊！我很困惑，不知道怎么样才能让大家再关心我。"宾奇看着我，似乎想让我给出答案。我笑了笑说："你知道你的问题在哪吗?"

"不知道。"

"你最大的问题在于你不明白分享只是陈述事件,而承诺则是许下约定,你是需要完成的。"

"我也只是随口说说。"

"如果你的朋友们都当真了,那可就不是随便说说了。"宾奇听我说完突然明白了,有一次他召集了我们这些朋友,开了一个道歉会。他的诚恳态度,让所有人都愿意原谅他的错误,并且给他新的信任。有时候信任的开始很容易,可经历了一次摧毁后,就需要非常多的努力以及事实才能建立起来。在这里,我要强调承诺与信任之间的微妙关系是你不能随意开玩笑的。我相信宾奇需要很长一段时间,才能重新获得大家的关注。

这就是履行承诺无比重要的原因,因为失信于人不但会给你的朋友们带来一种被玩弄的感觉,而且对你自身也有着或大或小的影响。一个人的力量是薄弱的,我们生存在社会当中,需要借助大量的人际关系才能得到我们想要的,这并不是社会的弊端,只不过我们生活在一个群居社会中,每一件事的开始与结束总离不开人这个载体。就这种关系,我们不得不了解希望在人际关系中的重要用途。而首先需要了解的就是承诺,承诺是希望的起点,它可以带动所有人的情绪,引来关注度。

很多领导在台上经常喜欢运用的词语是:"我一定会……"或者"我将会……"这就是承诺的一种。一位领导人物需要用肯定的承诺来让心里不安的人们获得一份希望,关于这种方式我会在下一部分继续解说，但在这里我要讲的是，为什么领导需要靠承诺来让气氛变得安定？承诺的意义又在哪里？

如何运用承诺来增强信心的力度？

如果你打算做一个成功的人，或者在职业上有大的成就，又或者你打算在爱情上获得幸福，不管你是偏向哪一种人，承诺对于人际交往都有着不可否定的力量。我们现在要学会的是如何利用承诺。那么，方法是什么？

你什么时候该给予承诺？

当一个人演讲以及强调事件的真实性时都会做出承诺，演讲是激动人心的，而强调事实是需要结果的。你在许下承诺的时候，就要考虑到你是不是应该在这种情况下许下承诺，有的时候你的承诺是没有必要的，这并不会成为帮助你前进的动力。就如宾奇，他根本不知道那三百万会不会在十天内得到，又或者这笔订单随时都有可能告吹，就在这样的情况下，他做出承诺是不理智的。

如果是生意上的事情，只有当你们真正签下正式的合约之后，你才能确定是否有进账，否则你会为自己所承诺的而懊悔。在这个世界上，太多人因为虚荣喜欢将还未确定的事情提前宣布，这样虽然可以提前满足你的成功欲，却会带来负面的失望。宾奇的错误在于他太注重关注度，所以才一而再再而三地说出让朋友期待的话。因为他的话，朋友就会有所期待，这种期待一旦落空，就会有一定的落差，而这种落差正是他被取名为"骗子"的原因。

如果你希望通过承诺来增强身边人对你的信赖，那么就要明确几点：首先，你这个承诺是否可靠？如果不可靠，你将如何化解？

　　我们来讲讲应该怎么定义承诺的可靠性，承诺也是分不同层级的，有诚实有效的，也有虚构造假的。这两种承诺将产生两种不同的后果，就好比浑浊的水总有清澈的那一天，久而久之，眼睛自然就能分辨。就算你再能吸引大众的目光，当时间这位分辨之神出现，你依然会接受不再被信任的惩罚。如果你没有十足的把握，就不要信口开河地说这件事已经敲定了，不如换一种语气："可能。"

　　如果要把尘埃还未落定的消息公布出去，就需要加上"可能"二字来进行装点。

　　承诺的可靠性是从几个方面去判断的，首先，你对自己所讲述的事情是否已经非常有自信，知道其发展动向，这是一种猜测未来的做法，你需要清楚地知道你所希望的是否会按照你所要求的去走。想猜测未来，你需要非常有逻辑地分析。你要明确你所猜测的事情已经进展到哪一步了，哪一步更接近成功。这都是你不得不考虑的问题。

　　承诺可以促进你的希望，但是你不履行承诺，承诺就会变成你的阻力。

　　人在生活中会遇见各种各样的阻力，承诺却是自己给自己的阻力。比如，你是一个经常爱承诺的人，可是你每次都不一定按照你所说的去做，这样，你将失去身边人的信任。这对你来说是件非常糟糕的事情，当你下次真的承诺的时候，不见得有人会给你回应。这个时候你可以选择像露露那样，自己去找到出路，实现自己所说的后再去说话，这是一种转化，当语言的力量足以让身边的人觉得信赖，那么你这个时候只需要用语言来获得大量的支持。

　　但当你不再拥有这种幸运，你就需要用你的行动一点点找回丢掉的被信任，这对于每个人来说都是值得深思的。你是否对你说出的承诺负责过？有很多人总喜欢说一些看上去很在理，实际上根本不会做的事情，这种人的语言就等于一种无价值的宣泄，他们在宣泄的同时也会让周围的人感到难受，没有可靠保障的信息传播，会让人不知所云。

对于听者来说，他可以视你为空气，但对于你来说，却是莫大的伤害。承诺有时候能让人成为空气，这是多么让人难过的事情。你可以想象身边的人再也不相信你所说的话，即便你说的是真的，也没有任何的回应，可想而知承诺所带来的是什么。在这一刻，如果你还想着用承诺换取信任，那你就要小心了。

人的心灵非常脆弱，没有哪一个人能做到每次都相信一个不履行承诺的人。被欺骗一次后，人们通常会失落；再被欺骗一次后，会选择沉默；最后这种沉默会转化为无视。这是一种不能扭转的心理过程，有一句话叫"心死了，再也回不去了"，说的就是这个意思，虽然这句话用在爱情里会更适合，但是在事业上，上司对下属的信任也是极度有限的，他第一次交代给你一件他认为重要的事情，但你没有完成，也许他会原谅；但是第二次，他可能就会怀疑你是否有胜任这份工作的能力。

在起航驶向希望的时候，我们会遇上各种各样的人，而这些人会成为我们的阻力，也有可能是助力。在设想未来这个问题上，我曾说过这个关键——阻力与助力的转化；然而在这里，承诺与信任之间既有可能成为阻力与助力的转化——如果你的承诺履行了，那么你身边的人很有可能成为你的助力；反之，也可能成为你的阻力，你需要了解怎么在其中掌握这个度。

爱默生曾说："有怎样的思想，就有怎样的生活。"这句话非常独到地解释了阻力与助力的关系。生活就像一面镜子，你往哪边使力，它所反射的就是哪边。你如果想让你的生活助力多过阻力，就需要清楚地知道哪些话是你该给肯定意见的，哪些承诺是可以对外宣传的。如果一位领导想要知道你能不能胜任工作，他不会等你说承诺，而是会看你所做的是不是他要的。生活中的助力是非常少的，大多数情况下我们碰见的都会是阻力，比如鲍比，他就深有体会。

鲍比是个胖子，但这并不是他最苦恼的，他最难过的是他的上司总不愿意交给他一些重要的工作，甚至还会羞辱他。他每天工作总是无所事事，这让他难过极了，但是他并没有辞去工作，他认为生活中的磨难是经常会有的，只要他努力去做，总有一天上司会看见他的好。鲍比的上司并不喜欢他，但是有一天由于实在没有业务员了，他才肯叫上鲍比。鲍比对此非常感激，他拿到了入职以来的第一次重要任务。

可他高兴了没多久就发现，他要去说服的人是一位极其刁蛮的老头。他费了很大的劲还是只能站在门口喊话，那位老头始终没有同意让他进屋子。鲍比因为这次的挫败失去了信心，回到公司后，他的上司根本不考虑他的心情，还继续责骂他没有完成任务。因为被上司激怒，鲍比承诺会在一个月内让那位先生购买他们公司的产品，否则就辞职。

上司见他那么有信心就同意了，鲍比为着这个承诺东奔西跑，他始终相信可以通过坚持来感动这位老头。他认为没有努力过就不会知道结果，于是总是守在那位老头的屋门前，周围的人都快以为他是神经病了，但鲍比依然这样坚持。最后那位老头被感动了，叫他进了屋子，给了他一分钟来说明来意。鲍比抓住了这个机会，最终他拿下了他进公司的第一笔单子。

鲍比的上司因为这次的事情对鲍比有了重新的评价与认识，他开始交给他更多的工作与任务，鲍比也渐渐收获了财富与经验。而这位上司最后成了他最要好的朋友，两人在五年后自创了公司。

鲍比就是这么一个让人感动的胖子，他是我妻子的同学。当听到他这个故事的时候，我就觉得他有着不同于其他人的优点。他不会向身边的人承诺太多，但是他一承诺就会完成这件事。很值得高兴的是他最终做到了，他成功地转化了阻力，使其成为了他的助力。

在生活中，我们中间会有多少个鲍比？我相信一定不少，他们就像是一个个英雄，会时常提醒着我们该如何去面对生活，如何去面对承诺。当我们所承诺的被履行之后，我们才有可能追逐希望，这就是行动。

在行动之前我们需要思考，规划就是行动之前必须完成的事情，规划完成后最重要的就是行动。在了解了承诺在人际关系中的作用后，我们还要明白承诺对于自身的一种作用。

你现在可以对着镜子看自己，回想一下，这段时间以来是不是给过自己任何一个关于未来、关于希望的承诺，如果没有，那么你就要在接下来的日子里，开始习惯对着镜子许下承诺。我们都非常清楚改变自己才是改变身边人们的唯一途径，可是却没有任何人会愿意对着镜子与自己进行沟通，因为这看起来就像是一个傻瓜。

但是据研究数据，20%喜欢对着镜子自我暗示的人，更容易找到方向，这并不是神经病的特征，而是一种沟通。当我们根本无法与自己进行沟通的时候，我们只能通过镜子的反射来看到我们脸上的样子，或者看到更深处的心理。对着镜子与自己对话是一种心理交涉，这就像在跟一个朋友聊天一样，这样的心理暗示就好比催眠，有一定的安抚作用。

为什么要通过这样的方式来进行沟通？

就像你是一条虫，可你终究会变成蝴蝶，但是在你还未变成蝴蝶的时候，你总会沮丧为什么你是一条虫。其实你只是不了解自己而已，你通过这样的方式可以看清楚自己的每一个地方，或许你不是最漂亮的，但你要习惯你眼中的自己，每个人要从看清楚自己、爱自己、发现自己的与众不同开始，这样你才能够有把握你的每一个承诺是否能够成真。

当你不自信的时候，面对自己才是最正确的方式。我曾做过一个实验，我请了三十位志愿者，让他们看着镜子中的自己对自己写一段话。我收集了那些话后惊人地发现大部分人都写到了这样的一句话："我从来没有发现我的脸是可以这样的。"在实验的过程中，我让志愿者尽可能对自己摆出各种姿势，发现每一个不同的自己。经过这次实验，我收到了50%志愿者的回信，他们表示非常感谢有这次参与的机会，让他们对自己、对生活有了新的认识。我也非常高兴他们这样想，并且传达了希望的思想。

这是一个简单的实验，但是这个实验说明了一些问题：绝大多数人根本不会每天对着镜子与自己进行交流，有的人甚至觉得对着镜子是一件可怕的事情。很多人都回避照镜子，因为他们害怕看到年纪越来越大，生活越来越糟的自己。当时我就问过隔壁的老奶奶这个问题："你经常照镜子吗?"

"我都这么老了，怎么可能还需要照镜子。"老奶奶非常坦诚地说。我听了觉得很心酸，继续说："可是你不觉得你错过了最好的你吗?"

"我满脸的皱纹，有什么好错过的。"老奶奶非常执着，她讨厌与我讨论这个问题，她感觉自己被嘲笑了一样。我非常想让她理解一种思想，那种思想叫希望，但越是对于年纪大的人来说，拥有的快乐就会越少。死亡的恐惧，年老的恐惧，足以让他们心理失去平衡，总认为自己错过了最好的时光。其实我认为不是的，你所在的每一段时光都是你最好的时光，你年轻过，你也成长过，或者最后你只能与死亡相伴，这都是一个人的发展过程，这并没有什么丢脸的，你只是在成长而已。

在认识自己的同时要欣赏自己，并且完成对自己的每一个承诺。你要清楚地知道你所规划的未来，只有认同了，你才能走得下去。

我认识的最有拖延症的小孩应该就是我那个小侄子了，他总是对我说："明天又不会跑掉，为什么要那么努力?"对于他这样的顽童，没有几个人有办法制服，于是我想了一个办法，我知道他喜欢踢足球，所以我在他生日的时候送了一个足球给他。他非常高兴，可就在给他足球的时候我问："你会参加这一届的少儿杯足球赛吗?"

"我的实力不行，我不要去。"我的小侄子非常肯定地拒绝了我，但是有一天我看到他在看关于球赛的资料，于是我把报名表交给了他。他看了之后，还是非常坚决地对我说："我不要去。"随后我拿了一面镜子对着他，他看了一眼那面镜子后问我："怎么了？"

"不要对着我说，你对着他说。"听我这样说完，他竟然哭了。我没有安慰他，等他对着镜子说"不"。他到最后也说不出口，因为他面对自己的时候才发现，他满眼都说着想去，你让他怎么开口说谎？见他没有说谎，我便对他说："你每天对着镜子里的自己承诺，你要如何训练，如何参加比赛。"

"我会这样做的。"我的侄子哭闹过一番后也懂事了，知道总是将想要的逃避掉也不是最终的办法，于是他按照我所说的开始进行心理暗示。效果还是很明显的，至少他开始行动了，我有时候去看望他，就能见到他在踢球。连我妻子都说："他比以前更有活力了。"我会开玩笑地说："是不是就像我那时候，突然有天就有活力了？"

"挺像，这是为什么？"我妻子追问，我笑着说："希望。"

当我们追逐着希望，除了规划我们还需要一个承诺，关于对自己的承诺。实现了对自己的承诺，你将会向希望前进，你会更靠近你的规划。你现在缺乏的是行动，是按照规划实施的那些行动。你敢保证你每一次都如约完成了对自己所承诺的事情吗？有时候事情就是那么难以控制，不是每个人都能很好地掌控自己。现在，你要懂得的比掌控情绪简单——只要按照你所规划的去做就行了。

如果有一天你穷疯了，或者已经成为了乞丐一无所有，你会发现你比现在要努力，为什么呢？

因为如果你不努力，不行动，很有可能将面临死亡或者更糟糕的事情。我认为懂得去行动的人会比只会承诺的人要更加优秀，这并不是 IQ 就能解释的问题，高智商的人不见得就一定是行动力很强的人，但是每一个行动力很强的人肯定可以干出很多事情。如果你做不到自己承诺过的，会发现在这种负面情绪的累积过程中，开始误以为你自己是个骗子。

或许你根本不是，你只是没有尽力完成你所承诺的而已，但是在每一次的失望中，你会认定自己是一个骗子。你害怕面对一个这样的自己，比如你答应自己要给自己怎样的生活，但是你并没有做到。这个时候如果你觉得一切都毁了，那么你将很难振作起来。你要知道你所承诺的并不是最后必须完成的，但是你要知道你必须努力完成过。

每一个人的能力都是不可估计的，把一只青蛙放在井里，它根本不会知道外面的开阔；如果把青蛙放在池塘边，又会有另外一种可能。要时常关注自己身上的变化，每一次的变化都是一次成长，能力也可以从规划开始，在行动中培养。如果你想好了要成为谁，就要从现在开始努力去照着目标做。

行动起来并不是那么难的事情，只要你开始动起来，我们就能看到动起来后的效果。总在幻想中度过的规划不过是一个类似计划书的草稿，可实际的数值永远会被封锁在不见天日的橱柜里。你根本不知道你所规划的是否能实现，或者能达到一个什么样的效果，这些都是需要你用行动去证明的——证明你的规划是好的，是没有问题的。

说千句还不如去做一次，你给朋友的承诺永远没有做出来成绩后的事实更有说服力。朋友，大胆地去做吧，按照你所想的那样去做。给你给得起的承诺，有的人会选择不自量力地去承诺一些他根本办不到的事情，这样做并不会让这个社会有什么损失，却会使自己面临信任危机。很多人难以意识到这一点的可怕，因为不是每个人都能在意到那些隐藏在身心背后的推动力。

朋友，履行对自己的承诺是你对自己的爱的重要表达方式，别忘了，你要在路上，才会有方向。你的航帆是否驶向彼岸要看你如何拉这个帆，力度是多少，风速是多少。别嫌弃自己太弱小，每个人的强大都是从弱小开始的，没有弱小过，你怎么能知道自己的强大？每次的进步都是你的荣耀。

你可以骄傲地对着自己说，我是一个说到做到的人，并不是一个骗子。当你真的成为了一个说到做到的人，也许成功、荣耀、地位根本不会离你太遥远，每一个说到做到的人都会赢得很多的信任，就如同我刚才所说，阻力可以被转化为助力。这要求你在不断完善自我的同时，还要注意身边的那些力量，这些力量足以让你的帆船发生动荡。

◎ 如果你想好了要成为谁，就要从现在开始努力去照着目标做。

◎第十一章　应急预案：多给自己留一项选择

阿诺德是我见过的最死脑筋的人，这也许跟他的职业有关。他是一位程序员，在他的生活中仿佛只有直线条，他没有多条思维的方式，总是认定了一件事就会一直这么看。当初他认为我是个浑蛋，所以一直都不肯跟我说话，但现在我们都是老同学了，他还是不会跟我说一句话。同学聚会上也不见他跟任何人交谈，他习惯了活在自己的世界里，可他从未错过任何一次同学聚会。我好奇地问身边的人，为什么他会来，有个同学告诉我，他只是习惯出现在同学聚会的场合而已，这跟他见不见我们没有什么关系。

这次同学聚会，他有史以来第一次找我交谈。我都在想，他是不是疯了才这样做？他坐在我身边，看了我良久才问："你是心理医生？"

我点了点头，继续喝着酒。我根本不想与他进行交谈，他总在诋毁我。记得当时因为我将他的玩具放在了椅子上，他没注意看，不小心坐了上去，玩具毁了，他就认为这全是我的错。我只能接受他这个片面的看法，那天之后我们再也没有交谈过。

他见我不想理会他，便说："我一直非常好奇心理医生这个职业。"他继续一个人自说自话："在我的思维里，心理医生都是骗子。"我觉得跟他沟通是件痛苦的事情，听他说话也不见得有多舒服，于是我说了句"不好意思"后，就准备离开。可他拉住了我说："可我现在非常困扰，能帮帮我吗？"

我见他向我求助，思量着是同学能帮则帮，所以又坐回了原位，听他继续向我诉说："比恩，我真的不怎么喜欢你，可是我真的非常需要你的开导。"我问："你遇到了什么事情？"他说："我现在什么都没有了，工作没有了，生活也变得非常糟糕。本来我一心想着做好程序员，可是年纪大了，也就被淘汰了，这个世界真残忍。"

"那你有想过别的选择吗？或许你适合其他的工作。"我尝试着开导他，只见他继续固执地说："我不认为我还适合其他的工作，我现在去找程序员的工作，都因为我的年纪过大、不符合他们的要求被拒绝，你觉得他们是不是非常过分？"他说着，愤愤不平地用手拍着桌子。我笑了笑说："你的人生不应该由其他人来决定，决定权应该在你的手中。"

"我的手中？"阿诺德好奇地看着我，从他的眼神中，我可以看到疑惑，我继续说："假设你在一条路上，而你总在走着直线，可是你前面已经是一面墙了，你何必还继续走直线呢？给自己多一条选择，也许你会发现不一样的自己。"

"我还能有其他的选择？"他比我想象中还要死板，他总在走着直线，根本没有想过为自己选择一条更好走的路。有些人总活在自己的世界中，但那样并不会有什么收获。一个不会用脑子思考的人，他的脑子就缺乏作用。我们需要更广阔的空间，就必须有更广阔的思维。我继续告诉阿诺德："你不要想着你不能，而是要在已经选择一条路的情况下，考虑是否有第二条路可走。打个比方，假如我们朝着一个方向前进，就像在多年前你的希望是程序员，然而你早已达到了这个希望，在这个希望上再也没有更多的希望，所以你一直停留在了原地，直到你被抛弃。"

阿诺德蹙眉："我为什么会被抛弃？"

"时代是不断发展的，而你是静止的，所以你会被抛弃。你从没有为自己考虑过出路，所以你现在没有了出路。"我继续解释他失败的原因，他明显焦急了起来，急忙抓住我的手说："那我要怎么办？"

"你要清楚地知道除了编程你还能干什么。"我笑着说。他想了想后点了点头说："除了编程我什么都不会，但我可以教书。"

"那你就做你能做到的，你会找到新的工作的。"我笑了笑，拍了拍他的肩膀，安慰着他。我没想过有朝一日会与他这样聊天，还安慰他，我是真心希望他能好起来。

我相信这个世界上有着不止一个阿诺德，每个人都会遇到像他一样的困惑。在我们的人生道路上，我们追逐着希望，得到后人就松懈了下来，没有想过另外的出路。时间是发展的，我们的身体是不断衰老的，每个人都有被淘汰的那一天，那天就是死亡；可不见得每个人

171

都能认清楚一点——就算处在被抛弃的边缘，我们也能做些力所能及的事情。我访问过 50 位年老者，大部分的人都处于思想静止那一类，没有更多的希望，没有更多的追求，总在过着重复的生活。

而阿诺德所享受的是安逸，所以他被时代所遗弃，安逸的生活就如同毒药，会蔓延至每个人的体内，让你一旦失去就变得迷茫而不甘。其实这并不能怪上帝如何对待你，而是要从自身出发，看你是否在追寻到了三年内的希望后，又为自己制定了新的希望，不断追寻着。只有每个人都不断发展，这个社会才有可能向前推移，不要认为你现在的力气是白费的，每个人的力量都是这个社会的重要组成部分。

阿诺德是个死脑筋的人，但他并不蠢。在我们读书的时候，他是固定的第一名，每一位老师都非常喜欢这位小男孩。在他眼里读书就是唯一的出路，他以高分进入了知名院校，毕业后成了高收入人群，在整个学校都非常有名，可以说他是有为青年。可是，他却停留在了最高峰，直到掉下来的那一刻，他才发现这个世界比他想象的要残忍。我们总需要不断地进步才不会被淘汰，对于恋人，对于婚姻，对于工作，都是如此。你会渐渐老去，你的能力会渐渐无法满足现有工作的需求。如果你在等死，那么你就会靠近被淘汰。

善于做准备的人才会有更多的选择。如果你总在停留，完成了一个希望就再也没有更多的希望，你就会把自己的步伐拖住。我们应该多设置几个应急预案，多培养自己各方面的能力。如果阿诺德在这些年的工作中提高了人际交往能力，提高了身体素质，提高了理解能力，提高了各方面的能力，我想他会有更多的选择。但据我所知，他这些年除了上班就是下班，每天非常有条理地生活，并未进一步培养自己。

如果你是一个善于思考的人，就要在达到一个希望时思考你以后的路要怎么走。

路是人走出来的，而不是等出来的。停止了就会成为化石，被埋藏在土壤之下，如果你不想成为千年的老古董，就要从现在起好好考虑你的出路还有哪些。给自己多一个选择，让路更宽一点，这样你才会走得更舒畅。

曾经有一次，我找了三个人做了一个游戏。我让他们在纸条上写出两个问题，第一个问题是"未来想从事什么职业"；第二个问题是"下一步要干什么"。我收集了三个人所写的答案，第一位是志愿者A，他写道：我想做一名服务员，下一步继续干服务员的工作。第二位是志愿者B，他写道：我想做一名律师，下一步我想成为法官。第三位志愿者C，他写道：我想做一位记者，下一步是进行全球旅行。

这三位志愿者都是在路上随机挑选参与的，每个人的答案都不同，但我们看出志愿者A并没有考虑过下一步他将要干什么，而志愿者B和志愿者C都考虑到了下一步想做的事情。从这一点上看，这三个人中唯一没有给自己设置应急预案的是A。

在这里很多人会问，为什么要给自己设置应急预案，而不能一直干着一件事？

这个问题非常有争议，因为一直干着一件事其实并不能说不好，你可以这样做，但是你考虑过当你老了，干不动了时，你该怎么找到人生的乐趣吗？或许你会说，我可以通过一些活动消耗时间，但我想告诉你，时间就算你不消耗，它们也会自然地溜走，当每个人都在说着利用时间时，我想跟你说说灵魂那些事。

每个人的价值或多或少，你觉得少了，那么就少了。这个社会并没有一个衡量一个人价值的标准，有的人会说挣钱多少就是衡量的标准，如果这样想就说明你已经落伍了，如今早已经过了那个用金钱衡量人价值的时代。现在，就算一个人再有钱，我们也会想着：他究竟是谁？究竟做了什么？当一个伟人不是那么容易的，不可能每个人都是伟人，但是你必须有价值。

缺乏价值的人，往往就容易陷入自怨自艾的境地，这就是心理疾病的根源。作为心理医生，我只要以我的专业知识来让病人们康复，就实现了我的价值。但我会为自己留一条后路，那条路就叫作培养自己的兴趣。我会考虑如果离开了这个岗位，我还会成为谁，而这就是需要自己去培养的，它不会突然冒出来。这就是我在这里说的应急预案。

选择不是只有一个，你可以多项选择。每个人都有一天 24 小时，但不是每天都需要工作，怎么在对自身的培养上下功夫，就看你在每天工作的 8 小时之外怎么对待自己。美国人本主义心理学大师马斯洛说："自我实现是我们的最高需求。"自我实现包括很多方面，这些方面需要你用时间去实现，你起码要知道你下一步在哪，就像玩游戏，你至少要知道你的下一步是闯哪一关。

我在规划的时候就说过全面规划的重要性，要从全局的角度去进行规划，要深刻地了解自己的需求。然而在这里，你要明确地知道：你的预案是什么，为什么需要这个预案？

很多人总会像猎豹一样追逐着一个目标，就算撞破头也从来不放弃。这样并不是不好，但这样确实不够聪明。打个比方，你如果非常喜欢一件事，这件事你试过，但确实是你做不到的，难道你就不生活了吗？

有些人的目标性非常强，冲劲也非常大，他们会像猛兽一样向着梦想冲刺，但是这些人往往会遇到很大的挫折。有句话叫"希望越大失望就越大"，这也不是没有道理的。可在我看来，这句话应该还没有说完，应该是"希望越大失望就越大，冲劲越大困难就越多，选择越多道路就越多"。我们如果让自己的路变得非常窄，将面临的就是非死即伤的结果。心灵是很脆弱的，想要强大起来，除非有很好的抗打击能力，否则就会开始变得否定自己。

这是所有心理疾病的起源，一旦否定自己就会出现压力，这种压力会让人喘不过气来。不要认为你一定非要有多大的成就，而是要考虑怎样走自己的路才更适合自己。很多人盲目追求成功，追求财富，最后让一生都变得难堪，这并不是社会的错，也不是他们没有运气，而是他们没有好好思考关于未来他们还可以做什么其他的事。

在制定了规划之后，你可以想一想：如果不是这样，下一步可以做什么？这样你就能够多获得一个选择，为自己多选择一条路，就会更容易找到最适合自己的出路。

在这个游戏当中，志愿者 B 与志愿者 C 的想法有贴合之处，因为他们都曾想过达到这个希望后的下一个希望是什么。志愿者 B 是直线思维，他会顺着律师的方向往上走，下一步是要做法官。然而志愿者 C 是曲线思维，他没有直接在记者这个职业上再去深造，而是想着下一步去全球旅游。不管是哪种思考方式，在我看来都比志愿者 A 的要更好。每个人的希望如果停留在一点上，那么他的方向就会渐渐消失。

如果失去了希望，失去了寻找希望的动力，你就会一直停留在原点。一个人如果太骄傲于现在所得到的，就会成为失败者。

在我看来，一个人的追求是随着年龄的不断增长而不断变化的，在这个过程中，我们会有新的希望，新的方向。谁生来都不是一台只会运动而不会思考的机器，有人会喜欢拿人与机器人来做比较，因此产生了许多关于机器人与人之间战斗的科幻电影，这种想法是天马行空的，在正常的前提下是不可能的，但是有这种遐想说明人们有这个担忧。

是不是有一天机器人会取代人的存在呢？这种可能几乎没有，但是可能会由机器人取代人类机械的工作。这是必然的趋势，因为人类之所以是高等动物，是因为我们拥有会思考的大脑。当志愿者 A 的岗位由机器人所代替时，他就失去了存在的意义。阿诺德也是如此，他不过是一名程序工人。当你所存在的意义在企业中变得无足轻重的时候，就说明你所在的岗位正发生着变化，这是一种时代的需要。

每个人都必须走在时代的前面，都必须学会更新的东西，这样才不会被淘汰得太快，所以我们要清楚地知道下一步自己还能做些什么。有的人满足于现在，没有了往前的冲劲，你会感觉他活得一天比一天无趣。我曾经问过一位老人："你认为生活是什么？"

他叹了一口气对我说："就是日复一日地重复着。"

我没有继续再与他进行深入的谈话，因为我相信这种思维存在于大部分人的脑海中。大部分人有这样的想法，是因为今天与昨天太相像，前年与今年太相似，所以就会觉得每天都像是在重复着一样。其实这只是一种错觉，时间不可能是静止的，当你看向窗外的时候会发现，时代早已经不是你之前所认识的样子，每件事都会随着时代而变得更先进。

我们要时刻做着准备，为自己开创一条不容易被淘汰的路。成功绝对不是终点，生命结束的时候才是终点。如果你以成功为最终的希望，那么你到达那个点之后，就不会再往前走了。每一个成功的人都是不断追求的人，他们会继续超越，虽然这很难，但是四处的危机就像是在打仗一样，一刻都不能休息。当今社会，是绝对不允许你停止学习的脚步，因为你停止了就很有可能被淘汰。

在过程中，我们的道路有很多。在选择一条道路后，我们要义无反顾地完成它，同时我们要清楚地知道我们完成了这个希望后，下一步可以去做点什么，让自己不那么平凡。其实不是事业有成了就不平凡，每个人都是平凡的人，只是会以事情的大小去分化重要程度。总体而言，每个人所做的事都是了不起的事情，没有了每个人的存在，也就没有了社会的前进。

每个人的生活本来就存在着差异，这没有什么值得难过的。我为了真实地了解人们对于同一件事情在心理上所反映出来的个体差异，来到了一座正在建造中的大教堂，对现场忙碌的敲石工人进行访问。

我问遇到的第一位工人："请问你在做什么?"

工人没好气地回答："在做什么?你没看到吗?我正在用这个重得要命的铁锤来敲碎这些该死的石头。而这些石头又特别硬，害得我的手酸麻不已，这真不是人干的工作。"

我又找到第二位工人问："请问你在做什么?"

第二位工人无奈地答道："为了每天500美元的工资，我才会做这份工作。若不是为了一家人的温饱，谁愿意干这份敲石头的粗活？"

我问了第三位工人："请问你在做什么？"

第三位工人眼光中闪烁着喜悦的神采："我正参与兴建这座雄伟华丽的大教堂。落成之后，这里可以容纳许多人来做礼拜。虽然敲石头的工作并不轻松，但我一想到将来会有无数的人来到这儿，再次接受上帝的爱，心中便常为这份工作而感恩。"

同样的工作，同样的环境，却有如此截然不同的感受，这是由每个人的性格所导致的，也与看待生活的心态有关。我不会去评论到底谁是赢家，因为这个世界没有赢家，也没有输家。你可以为你的利益去生活，他也可以为他的愿望去追梦，不管是哪种生活方式，我们都切忌太过自以为是。我曾经遇见过一个让我特别不喜欢的男人，他叫布鲁诺，是个能说会道的人，却总是自以为非常成功，眼睛里装不下任何人。这让我非常不舒服，我不喜欢与他交流。

他总说自己非常成功，以至于我们所有人都认为他是一个非常有名的企业家，可后来才知道他不过是一个可怜虫。他的自以为是都是装出来的，他根本没有为自己留出另外一条路。他因为听信了骗子的话，被骗了不少钱，现在就是一个穷光蛋。可他还是对着外面四处说着他是多么成功，他的自以为是为他凭空增添了许多阻碍，谁都以为他非常成功，所以没有一个人去帮助他。

虽说他经常说自己非常成功，可他从来没有帮助过任何人。每个人都是相互影响的，你怎么走自己的路，什么路就会摆在你的面前。

我们朝着我们所规划的路走的时候，要时常根据现在的情况进行一些调整。一个人不可能从一开始就制定出十分完美的规划，我们在行走的过程中时常要做一个应急预案，为自己留一个更好的选择。

对于生活我们要有绝对的激情，才能够走得更远。如果你不爱自己的生活，没有用脑子去思考如何过得更好，那么你最多就只能算是一个机器人而已。作为一个机器人是终究会被淘汰的，人类社会之所以发展得这么迅速，是因为人们在用脑子思考生活。

要做一个用脑子思考的人，而不是只会动手的机器人，我们需要明确我们的路再动手才更准确。多留一个选择会让自己变得更好，阿诺德如果很早就学会了如何处理人际关系，他就不会那么迟才知道年龄原来是程序员的一个门槛。他的后知后觉让他在年纪慢慢变大的时候不得不重新选择自己的路。在找寻新的希望的过程中，他将受到比他想象中更多的灾难。

一个人只拥有一个技能是远远不足以在这个社会上很好地立足的，每个人都要寻求多方面的发展。如果你打算做一名科学家，或者艺术家，那么你可以不用会说话，可以不用会生活，你只要会干手上的活就够了。可是我相信，能成为艺术家或者科学家的总是少数人，他们有着崇高的信念，有着宁可饿肚子也要努力的奋斗原则，只有能坚持下来的才会是科学家或者艺术家。

如果你不能忍受那些饥饿，不能忍受贫苦的生活，你就要学会那些提升你全面发展的技能。你要给自己更多的选择，不需要太多，只要再备一个选择就够了。人的精力是有限的，如果你在工作，就不可能花上绝大部分的时间去选择另外一条路。干好你现在所干的，发挥自己所擅长的，尽量挖掘自己的潜能，只要你去尝试，你就会发现你所希望的不止现在这么一点点。

你可以将自己化身成一棵树，在这棵树上你需要装点更多属于你自己的东西：能力、健康、家庭、爱情、幸福、营养、事业、爱好，等等。你可以随着时代不断成长，长出更多的新芽。你的规划会随着你的选择而逐渐发生或多或少的变化。

在我的朋友当中就有一个这样的人，他名叫艾伦，以前是一位小学教师，我们都叫他艾老师，可现在他却成了一位企业家。我对于他这样的人生轨迹并不觉得惊讶，只是会好奇他为什么会这样。他回答我说："有时候人生转折就是这么不期而遇，我干着老师的活，却喜欢管理学。"他说起自己的经历时很开心："我当时也没想过要管理一家公司，就出现了这么一个机会，有一家公司需要人管理，我打算试试，就去了。没想到，从此就走上了这条路。"

他很轻松地讲述着那段经历，而我听了却大受启发。规划在机遇面前有时候会发生巨大的变化，这就是为什么我提到 7 天规划的内容。规划的时间越长，我们越没有变化的可能，只有在短时间的规划里，我们才能重新思考我们的希望，思考我们的未来。就像艾伦在做教师的时候他根本没有规划过日后要成为企业家，他只是喜欢而已。在规划当中，我强调要培养更多的爱好，只有你喜欢了，才会努力去做。

有时候一个爱好会在你的事业当中带来非常意想不到的效果，这个效果是你现在根本无法预计的。我们有时候追逐着太多功利的东西，反而会遗忘掉内心最渴望的东西。而希望则是挖掘你内心最渴望的，你可以有很多的希望，在希望面前你可以不停追逐。在某一阶段你会有一个最终的希望，然而过了这个阶段，你会进行一些调整，所以你需要不断思考，不断重新规划。这样你才能够找到越来越好的路，而不是停留在几年前所制定的规划里。

◎ **要时常做一个应急预案，为自己留一个更好的选择。**

第四部

做希望的领路人

◎第十二章　以希望领军

在企业的管理过程中，我们会采取非常多的手法，最常见的是画一块奶酪，看上去美味极了，其实你却尝不到。然而在这里，我更推崇以希望的力量去管理。每一个人进入公司之初，都有着属于自己的期望，有的人希望不断升职，而有的人则希望有一个美好的前程。不管是哪种，进入公司的初衷都是为了美好的未来。然而在糟糕的领导手下，本来抱着美好希望的下属也会变得消极，让工作无法高效地进行。

帕金森定律是由英国著名历史学家诺斯古德·帕金森通过长期调查研究提出的。他的这个观点就非常准确地说出了环环相扣的群组关系，一个不会管理的高层会有三条出路：第一是申请离职，把位子让给能干的人；第二是让一位能干的人来协助自己工作；第三是任用两个水平比自己更低的人当助手。第一条路是万万走不得的，因为那样会丧失许多权力；第二条路也不能走，因为那个能干的人会成为自己的对手；看来只有第三条路最适宜。于是，两个平庸的助手分担了他的工作，他自己则高高在上地发号施令，他们不会对自己的权力构成威胁。两个助手既然无能，他们就上行下效，再为自己找两个更加无能的助手，依此类推，就形成了一个机构臃肿，人浮于事，相互扯皮，效率低下的体系。

这样的领导体系就像是肿瘤，不切除总会有危险存在。然而在这里，一位聪明的企业家不会让帕金森定律有蔓延的机会，他会切除肿瘤而不是任由肿瘤发展。一个公司的好与坏跟管理者是密切相关的，你是怎样的领军人物，你所带的将军就是什么样子；将军是什么样子，就能带出什么样的士兵。这是一个大群体性的循环。

希望就像是一种氧气，只要人们需要呼吸，那么他们就需要氧气。通过我所阐述的希望，你将非常清楚要怎么走你的路。在这里我会更强调希望的另外一种用途——希望所具备的管理特性。希望对于个人而言是管理自身，你可以通过希望去规划，通过规划去行动，然后再修订规划。这是一种如流水般的过程，在这个过程中你所扮演的角色是自己，你所要熟知的也是你自己。

然而在有越来越多企业崛起的时代，管理就变得非常重要。公司不分大小，总归是需要一位带领者的，这位带领者可以是慵懒的，可以是不负责任的，也可以是充满希望的。不管是哪种，他们都会存在于这个社会当中。在这里，我不去否定任何一种管理形式，每个人都有选择的空间，每一种管理方式都有存在的空间。

然而希望不会因为管理方式的不同就不存在了，它就像是人呼吸一样，时刻都在身边，只是看你发现了没有。一位管理者的情绪时常会影响整个团队，产生这种情况的原因是管理者可以下达指令，也最能够改变现状。作为一位管理者，你要清楚地看到你下属所希望的，他们就像是千万双眼睛一样，盯着你的脸。他们想说的，只会存在于眼睛与细节里面，谁也不会指着你说："我希望……"

作为员工所具备的权限本身就有着差异性，一位管理者可以让员工的生活发生改变。比如，一位员工本来准备好要约会，但是管理者需要他加班，于是他只能取消约会。像这种情况，员工在某种程度上会怨恨管理者，因为他们并不清楚到底发生了什么必须加班不可的事情。就这样，管理者与员工之间渐渐会出现一种对立的情绪，不管表面上怎样和睦，但是当放在天平上的时候，这两种人不可能是平衡的。这就是阶级的矛盾，并不能化解，只能通过一些有趣的方法来改善。

大家对比尔·盖茨都非常了解，他是一个聪明的人，而在这件事上，他也是非常聪明的，让我来说一个故事。

有一天，有个叫米莎的乡村老太太，要和侄子一块乘飞机出远门，而侄子却迟迟未出现在机场候机厅。由于她刚做过肾脏手术，因此需要比常人更频繁地去厕所，但这样一来她拖着的两个很大的行李箱就无人看管了。于是她只得一边忍耐着，一边焦急地东张西望。

坐在米莎太太身旁身着休闲服的一个年轻人似乎看出了米莎太太有什么困难，便微笑着说："太太，需要帮忙吗？"也许是米莎太太对面前这位年轻人缺乏信任，又或许是她不愿意麻烦一个陌生人，便回绝了他的好意。后来，内急不断加剧，米莎太太只得向这个年轻人求助："请帮我照看一下行李，我得去一趟洗手间。"年轻人非常愉快地点头答应了。

米莎太太很快回来了，她见东西完好无损，就感激地掏出一美元，递给年轻人："谢谢你帮我照看东西，这是你应得的报酬。"望着老人一脸的认真，年轻人回了一声"谢谢"，便接过那一美元，放到了上衣兜里。

这个年轻人就是身价 560 亿美元、连续 13 次高居全球年度富人榜榜首的比尔·盖茨。

事后，有人疑惑地问盖茨："你真的接受了人家给你的一美元酬劳?""当然!虽然我为她做了一件小事情，但那一美元是我应拿的劳动所得，我应该理直气壮地接受;更重要的是，那是我对一份真诚感谢必须回应的尊重。"盖茨回答说。

在这件事上，比尔·盖茨短暂地充当了打工者，但这已经构成雇用关系了。比尔·盖茨为她办事，米莎太太付给了比尔·盖茨应有的回报，这是天经地义的关系。但不是大部分人都会这么认为，如果是一位心胸不那么宽广的人，也许会辱骂这位老太太给的钱太少;或者遇见心高气傲的人，他们可能会生气，因为这位老太太并没有相信这只是一片好心。

作为一位领导者，人们常用的手法是聘用。但是这种手法只给了钱，却给不了更多的东西。而比尔·盖茨在这件事中给的是尊重，这就是区别。米莎太太并没有尊重比尔·盖茨的善意，但是她尊重了他的劳动。如果把米莎太太这种行为放在管理中，会出现一种重大的问题，那就是导致员工心灰意冷。当员工觉得自己是一台机器的时候，这个管理者就是不那么称职的。因为他没有最大限度地发挥员工的主观动力，他没有从深处了解员工的需求。

比尔·盖茨并不需要这一美元，他只是善意地这么做了而已，可是米莎太太却看不到他的希望，看不到他所表达出来的善意，所以她选择了用金钱购买心安。在这件事上，米莎太太并没有错误，她在用自己的方法来报答别人的劳动，只是作为一名管理者，这种方法是不可取的。

就像一个杯子，你明明看见它里面是浑浊的水，根本不清楚这杯水是否能够喝，但是你并没有深思就将它端上了桌子，一旦出现了大的问题，就会让你觉得世界非常糟糕。如果你想成为一名优秀的管理者，首先要清楚地知道你的员工的希望。

你要带领的并不是那一群群的机器人，而是一个个充满希望的人。在你的带领下，他们的希望是毁灭了、重生了，还是更加壮大了，就要看你是否正确地带领了他们。作为一个领导者，你首先不能是没有希望的，你应该很清楚你所带领的队伍要走向哪里，整个企业应该看向哪里。

有的人喜欢将人群比作狼群，因为狼群的组织性像极了人群的组织架构。人都是群居性的，在这种群居的情况下，可以一起打拼，一起生活。一个孤独的人是干不了什么事情的，一个人的公司是不会做大的。这就好比一个孤独的将领，他手下并没有骑士，没有人为他开辟道路，所有的事情都需要他一个人完成，那么他的事业一定不会做得很大。在他渐渐需要帮手的时候，就是他在发展的预兆。

这是一个企业的发展趋势，然而人越来越多，就会组成像狼群一样有冲劲的群体。在这个群体里除了组织性还需要组织者的眼光以及希望。比如，一匹领军狼非常清楚地知道它希望吃掉前面山头的那只羊，那么它就会开始布置整个战局，找到一种最可取的方法吃掉这只羊。在这里，那只羊就是希望，你希望得到的，你就要为之付出行动。

如果你认为希望只是个人的就错了，当希望变得壮大，就是一种社会性的问题，就是一种不容忽视的力量。往往每一次战争都是因希望挑起的，当希望相互矛盾时，就会有冲突。比如，你希望要一块猪肉，但是这块猪肉是屠夫最需要的，他并不希望给你，在这个过程中，你们的矛盾非常明显，一个想要，一个不给，在这中间如果发生了语言上的争执，就会带来不可估量的后果。

员工与管理者之所以对立，是因为员工不一定希望被管理，可是管理者一定会去管理员工。每一个员工被安排的时候，都不见得是心甘情愿的，但是往往管理者不得不做出这样的安排。在这个过程中，我们就需要不断沟通才能化解彼此的矛盾。

沟通的首要原则是从他们所希望的入手，你的管理方式是否正确，就要看他们希望的东西是否越来越廉价。加比是一位工人，他最初进入公司的目的是希望成为一位有贡献的人，然而渐渐地他开始从高希望值往低希望值走。在他离职的前几个月中，他一直保持的希望是只要拿到薪水就足够了，他不会去管公司的好坏，更不会去思考如何改变自己来改善公司，他只想拿钱走人，这就是一种希望逐渐因为管理方式而失去的过程。

作为一位优秀的管理者，应该是能够领军希望的，你需要用你希望的去带领你的下属们，你要弄清楚你要什么，你的下属才可能干出你要的事。如果你连自己要什么都不清楚，你的下属根本就无法去开展工作，如果你对他们施压而不是并肩前进，又会让他们消极工作。作为一名管理者，不但要知道自己要什么，而且要知道怎么带领下属去追寻希望。

不见得每一个人进入公司后都非常清楚自己要干什么，希望什么，可是作为管理者的你却不能不知道。一个人的能力与技能都是与他所要干的事情相关的，对于一个不善于言辞的人，你就不能让他去做销售；一个擅长技术的人，你就不能拉他去扫地。你要根据每个人的特性，为他们安排适合的工作。他们希望成为什么样的人，有什么近期的规划，这都是需要考虑的因素。当你错误领导后，他们的这些规划、这些希望都会随之消失。

当希望消失的时候，你所得到的就是失去。

朋友，在还没有失去的时候，你要从几个方面开始深入地去领导希望。

第一个方面，你要非常清楚你身边的人。

你所带领的是几个人，你要非常清楚他们有哪些爱好，有哪些希望，有哪些技能，可以做什么工作，能尝试做什么工作。如果这些你都不了解的话，很有可能会出现比利那样的情况。比利是一名经理，他带领着几位年轻的毕业生，因为忙于工作，他一时间也无暇去管理这些人。久而久之，闲置在那里的几位毕业生渐渐都走了。比利根本不清楚这到底是什么原因，所以他找了一位即将要走的下属问："你们为什么都要离开?"

那位下属说:"我们在这里就像是废人,我想不出再留下去的理由。"

"刚开始工作时都是这样的,你要用自己的眼睛去看,用自己的行为去证明,这样你才会有价值。"比利开始用领导的经验告诉他应该怎么做,可那位下属说:·"先生,你连我们所擅长的都不知道,我明明不是做销售的料,可你却让我走上大街小巷。每一次的出行都让我特别煎熬,我不是一个善于表达的人,每一次的失落都让我没有再继续下去的勇气。"这位下属说完就辞职离开了。

如果你是一位被自满蒙蔽的管理者,那么你可以自信地说,这绝对不是比利的问题,是那些毕业生不能坚持。但管理者之所以被称为管理者,就是因为他们拥有可以管住不同人的能力。不可能要求每一个人都是精英,只有你把他们当成精英,或者通过了解知道他们所擅长的,去利用,去安排,才会更像一个织网的操控者。而你所操作的就是他们每一个人所希望的。

蜘蛛是我见过的最会管理的动物,它们总会从希望出发,一步步去布置整个局面。它们会找最偏僻、最不容易被发现的位置去织网,然后将这片网织得更大。一有猎物,它们不会先把它们吃掉,而是预放在那里,吸引更多的猎物。它们就像是统治者,统治着自己那片领域。其实管理者所要具备的能力就是一个全局的思维,你如果希望你的团队成为最优秀的团队,就要熟悉你所统治的那片领域的人与环境。

第二个方面,你要善于利用希望。

　　希望是一种非常能够推动人的力量，它能区别于其他的力量。前面已经说过，希望是一个人的动力，我们要让这种动力最大限度地发挥它的作用。比如，你手下的员工非常消极，你要给予他希望，他才会有动力。这种动力比你用金钱带来的诱惑更有价值，因为你给的希望足以让他觉得生活有了存在的意义。生活中往往会有消极情绪的人，其实大部分是因为认为在这里工作得不到自己想要的存在感。离职的原因大多分为两种，一种就是得不到希望，看不到未来；第二种是金钱上的满足度不够。

　　基于这两种情绪，希望更值得我们去思考，这个社会有一个非常明显的特征：刚毕业的学生往往会选择待遇没有大公司好的小公司。他们就像赌徒，在选择未来的路上，更相信在小公司里他们所能创造的奇迹会比在大公司里要大得多。就这个现象，我曾做过调查，我让100名刚毕业的学生填写我的问卷，有60%的人选择了有发展潜力的小公司；而30%的人选择了稳定的大公司；只有10%的人选择了创业。这份问卷里蕴含着大学问。

　　为什么那么多人选择去有发展潜力的小公司？

　　一个人的价值分为社会价值与自我价值，要尽快实现价值，只有机遇可以帮我们。而大公司的机遇就像是毛毛雨，已经成规模的企业很难推翻重新再开始，除非他们遇上了难以解决的危机，这种危机出现的概率真的太小了。相比大公司的机遇，小公司就明显大了很多，这种机遇我们可以称之为希望。然而选择创业的人们不相信别人给予的希望，他们只相信自己给予自己的希望。

　　就管理而言，你首先需要自己给予自己希望，才能做希望的将领。

连自己都不相信的未来，怎么带领其他人一起相信呢？

你要善于利用你所相信的希望，将你的希望传播下去，让你的下属也一同这样相信，你们才能融合在一起，朝着一个目标前进。只有团结才会产生巨大的力量，就像狼群一样，你需要盟友。

喜欢单打独斗的人往往不是伤就是残，但一个团队的战斗则不是输就是赢，这是从历史发展中得来的道理。每个人都要学会带动身边的人，这样才有可能一传十，十传百，这种力量是巨大的。

而你现在要懂得怎么利用。你或许会问："我应该怎么去利用？"

首先你是 A 点，而你所拥有的希望是 B 点，在你从 A 点走向 B 点的时候，你需要盟友，这些盟友就是你所带领的那些伙计。你第一件要做的事情就是沟通，这种沟通是指有效的沟通，你要将你的希望讲给他们听，让他们尽可能地认同你的希望，朝着你所规划的路去走，并且你需要给他们承诺希望的未来。把这件事做得非常完美了之后，你会发现你身边的伙计看你的眼神都会发生变化，你会化身为他们眼中的希望，他们会认为："跟着你干，准没错！"

当你的沟通达到了这个目的，你的第一件事就干得非常漂亮了。但有些管理者并不是那么善于沟通，该怎么办呢？

不善于沟通并不能阻碍你传达你的希望，你只要告诉你的伙计们几点就够了。第一点，我能为你们创造什么；第二点，我所向往的希望是什么；第三点，你们在我这里最后能得到什么。只要你按照顺序回答了这几个问题，你的伙计们自然会知道你想让他们做什么，他们会非常清楚你现在所干的事情。我们要想让身边的人帮助自己，首先要让他们清楚地认识你是谁？你可以办到什么事？你又能给他带来些什么？

当你完成第一件事之后，就是已经在利用希望了。接下来你要完成第二件事，这件事就是不断给予身边的人希望。你需要成为一个带来希望的英雄，你可以成为伊格尔，也可以成为凯瑟琳，不管你成为哪种带来希望的英雄，总之要比一般人更能够调节你心里的希望能量。在一个低落的 C 点时，你要尽快找到新的 A 点，才能够利用新的希望，带动身边的人。

作为希望的领军人物，你必须传达你美好的希望，只有这样你才能够让希望成为你的武器，战胜一切看上去非常令人头疼的困难。

在一次非常偶然的情况下，我认识了一棵树，那是一棵在阿拉伯语里叫作"巴旦木"的杏树。树高不过一丈，树干可容两人合抱，小是不小了，但若是置身于其他地点，恐怕亦无太多惹人注目之处。然而，这棵树却长在了埃及那有名的塞贝多沙漠里，在方圆 150 平方公里的不毛之地，在终年酷热无雨的一片沙漠灰色间，竟然有这么一株繁茂大树巍然屹立，犹如一柄直指苍穹的长矛，实在是不得不叫人叹为观止。

倘若将树锯倒，精确一下年轮，会发现有 1600 多年之长。是谁在那遥远的年代植下了它？又是谁，在这片不适合任何生物生长的万古荒原里，维护着这杆生命的旗帜？

历史要追溯到公元 346 年以前，一个名叫小约哈尼的青年决心皈依伊斯兰教，为了考验他的决心，一位叫阿伯·阿毛的圣者把一根巴旦木杏树制成的手杖插在了塞贝多沙漠里，命令小约哈尼说："你要一直浇水，直到这手杖扎下根，结了果为止。"

虽说巴旦木杏树是一种随处都能扦插成活的树，但任何生命存活的先决条件都是水。圣者插下手杖的地点离最近的水井也有一天的路程，而那口水井里的涓涓细流也实在小得可怜，想把水缸装满，竟需要整整一夜的时间。

一项艰苦卓绝的工作！小约哈尼日夜不停地担水，以一种常人难以想象的毅力坚持不懈——他只要停顿一天，那棵树就会被烈日的毒焰烧死。在汗水与井水的浇灌下，巴旦木杏树手杖扎了根、抽了芽，它绽叶、开花，最终结成了果。

同样令人惊叹的是，小约哈尼的这种精神竟在之后漫长的 16 个世纪代代相传，一直延续到今天：小约哈尼的继承者仍和他一样，牺牲夜晚的睡眠，矢志不渝地为那棵古老的树浇水！

当偶然听到这个故事的时候，我就在想，如果小约哈尼不抱着这个希望继续下去，这棵树也不会存活那么久。而他的继承者之所以坚持了下来，那是因为他们全部的人都将希望集中在了一起，大家延续着这个希望继续下去，我们可以想象，如果小约哈尼的继承者们并不认可这个希望，那么他们将停止对这棵树浇水，在这种情况下，这棵树就很有可能会死去，这个道理就如同企业一样，而希望是支撑着这个企业长存的水源。

企业就像是巴旦木杏树，需要不断注入水分。而这个水分是由你来注入的，你的伙计会跟随着你渐渐注入更多的水分，这是一个发展的过程，只有这样你才是真正的希望领军人，你所带领的人都会相信你所追求的，并且按照这样的方法继续下去。你要非常明确怎么样让大家拥有这个希望，并且付出他们的行动。

第三个方面，调动希望的动力，让身边的人行动起来。

如果说希望是一剂良药，那么行动就是证明希望的配方，下肚后就能辨别真假。希望在管理学中起到的最好作用，在于你可以不断调整希望的节点。我已经说过希望到底是什么，它就像是每一站的车站标，你可以通过调整进入下一个车道，这就是最好的作用。一个管理者的决定往往不可能是绝对正确的，在这个过程中，管理者需要不断完善自己的方案，改变自己的战略。在这个调整的过程中，每个人都该发挥自己的一份力量。

想要调动你下属的行动力，就看你如何调动希望的动力。希望是一种无形的强大动力，足以让人发挥极佳的潜能。你可以在调整的过程中听听每一个人的建议，让他们有更多的参与感。这种参与感可以培养共进退的革命精神，这种精神的互动是共同希望的组成部分，凝聚着所有人希望的前进方向，是足够有推动力的。比如，一根树枝你能够轻易折断，但是十根就非常费劲了。同样的道理，你要让身边的人与你站在一起。

与你站在一起的人多了，就是一种无形的力量，这股力量足以决定公司的去向。这些与你站在一起的人会发挥自己的才智来帮助你实现你想要的，所以不要忽略身边的任何一个人，也许他就会是为你提供新希望的启蒙者。每一个看待事情的角度都有不同，在这种不同的角度中，你可以清楚地看到差异化，这些差异化足以让你看到错误与缺陷。

我们每个人都是在不断发展的，但一个人不可能全面到什么都看得见。你毕竟不是上帝，也不要轻易把自己当作上帝，如果你把自己当作上帝，那么你身边的人一定不会是天使，而是恶魔，因为只有恶魔才会盘旋在上帝的身边寻找突破的机会。你的希望只是你个人的，要成为一个公司的希望，你就必须化身成为一个普通的人，用眼睛看清楚身边的人，看他们是怎样做的，怎样行动起来的，你要非常清楚每一个人待在你身边的需求是什么。

或许他只是要一份工作，或许他只是想要这份薪水，不管他出于什么目的，只要他有存在的价值，你就不能否定他存在的意义。一个人不可能完美到什么都会，我们都是在互补的过程中成长的。如果你的企业是巴旦木杏树，那么你就需要更多的人来帮你浇水。你不能抽着鞭子让他们替你行动，那样的行动只是等同于机器人般的运动，不能实际帮你什么，你要了解那样的行动力也只是多了一双手而已。

作为管理者，之所以能够放下手中的事去做更多自己想做的，是因为少了这个管理者，下面的工作能够继续正常有序地运转，这种就是已经成了制度化的管理方式。每件事情都会有流程，而这些流程能帮助监控，但是每一个工作都不能只通过系统化的方式来解决，我们还需要调动员工的主观行动力，让他们更有参与感地与你互动希望。你能引导他们从心里跟随着你的脚步，才是管理的最高境界。

在成为别人的上帝之前，你首先要成为自己的上帝。你所给予的希望不是让他们像机器人一样干活，而是让他们从穷人真正转变成富人。你只要给他们一个希望，让他们自己去追逐，这就足够了。

你可以是很多人的上帝，同时你也可以什么都不是，这完全取决于你在你所管理的团队中是给人带来希望的角色，还是毁灭他人希望的角色。

　　成为希望的领军人后，你会发现路途比你想象的要简单得多，帮你的人会跟着你，陪着你，你将不再是孤军奋战。

◎成为希望的领军人，你将不再是孤军奋战。

◎第十三章　拥有希望才能延续

光与影的关系就像是希望与人之间的关系，拥有了希望才能延续人的呼吸。光是影存在的重要因素，而希望则是人存活的关键原因。前面已经讲过希望的重要性，在这里要说一说希望在企业中的延续性。我们都非常清楚企业中希望对于管理的作用，它可以带动人们，让你不再是孤独的战斗者。而就企业而言，希望又是什么？

海伦是一家小型制造企业的老板，他经常会到我家来玩。有一天他背了很多的行李，在我与妻子看来他这就像是逃难一样，连忙帮他拿东西。他坐下来喘了一口气后就哭了起来。我们算是老朋友了，认识他也是一种巧合，他正好是我一位朋友的亲人，偶然的一次聊天发现聊得来，就成了我家的常客，每次过来他都会带许多的东西，性格也非常开朗乐观。他这天这样的举动把我与妻子吓坏了，我们两人等他平静后，陪着他聊起了天。

我们通过谈话才得知他的企业出现了一些问题，越来越多囤积的漏洞让他无法补救，所以他才想到要逃避，一逃就逃到了我家。我叹了一口气说："你如果逃避，那么你永远都会处在逃避之中。"

"可我真的看不到企业的希望，我承受不了这样的结果。"海伦难过地摸了摸额头。我接着说："这个企业有没有希望，你不要从现在的困境中去判断。你现在回去吧，我这里不会收留你，你必须去面对。"

"比恩，我真的不想回去。"海伦叹了一口气。我笑着说："对企业而言，希望就是生命力，你看不到它的生命力，还不如关掉它，否则你每天所消耗的是更多的金钱。"

"确实是如此，但我会舍不得。"海伦说着又哭了起来。我看着无奈的他，只好说："你相信我，再坚持一下，说不定你很快就能看到企业的希望了。"

"好，我这就回去，如果真的没有希望了，早点结束说不定会更好一些。"他在我家吃了一顿饭后就回到了企业。后来我得知他将企业卖掉，得到了新的资金，又重新开始了创业的生活。海伦的经历在千万人身上上演着，不是每一个创业者都能得到一份成功，每一次的失败都是一次宝贵的经验，这些经验是下一次成功的基础。

希望对于企业来说就是生命，一个没有希望的企业，不如早一些结束它的生命。虽然这很残忍，可是事实就是如此。

　　有一个小孩，他十分疼爱他的玩具，但是他的玩具被汽车轧坏了，此时已经变成了一堆废铁。他并没有丢弃它，而是将它整理放进了一个箱子。在这之后，他又买了一个玩具，那个玩具有了更强的外壳，能避免被外界的压力所破坏。可是第二件玩具却被隔壁的大狗给咬坏了，他非常伤心地将第二件玩具也整理进一个箱子存放起来。他不断地有新玩具，不断地有更新，在这个过程中，他渐渐深入了解了玩具的变化，最后他成了一位玩具设计师。有一天，他回头再看那些过去被损坏的玩具时，有了一种感恩之情——如果没有它们的消失，也就没有逐步的更新。

　　如果把这个故事中的玩具看作企业的话，那么对于创业者来说，一个个的企业就像一个个的大型玩具。这些玩具承载着创业者的一种希望，如果你是一位创业者，首先你就不能将玩具看成你生命的全部。没有一个企业家的成功是没有经过风雨的，当一件玩具已经损毁得毫无希望时，你要非常清楚这个企业到底有多少存在的价值，是否可以斩断？

　　打个比方，如果这个小孩念念不忘他的第一个玩具，他就不会找到更好的玩具，只会一直拥有一个破玩具。企业有时候就是一种这样的更替，你所希望的会根据企业的发展而发生变化。当你只是一个小老板的时候，你对于你企业的希望只是收支平衡；当你的企业发展壮大之后，你会希望有更多盈利；你的企业发展到可以做公益的时候，你就会希望你的企业能有非常好的品牌形象。

　　你的希望是随着你企业的希望而不断转化的，你要考虑的是：你的企业是否能够做到你想做的事，而不是一味追求利益最大化。企业也是有它的生命的，一个企业的生命由市场的希望决定。一个企业能否长存是市场的需要所决定的，将来这个企业存在的必要性，就取决于这个企业在市场中的希望值。

企业就像人一样，要拥有希望才能前进。它们所需要的希望是市场给予它们的希望，之所以有市场调查，就是因为市场才是决定一个企业存在的标准，如果一个企业面临了绝望，你也毫无信心再坚持下去，不如转换一下思维，尝试另外的出路。对于企业而言，希望就如同它们的第二生命力。我们可以把企业看作一个人的化身，这个人的价值最后取决于它在市场中的竞争力，这是需要团队协作才能看出的结果。

我们可以将企业的发展分为几个阶段。第一个阶段是企业的希望萌芽期，在这个阶段，企业就像是婴儿一样，需要管理者用尽心力地去照顾它，让它渐渐长大。这个时候企业的希望就像是不可预知的炸弹，也许能给你带来惊喜，也许能给你带来悲伤。作为一名企业家，最开心的事情莫过于看着自己手中的玩具变成巨大的武器。第二个阶段是企业的希望壮大期，这个阶段的企业已经长成了一个成人的模样，这个时候就需要管理者们运用各种智慧牵制着它的行为，使其走到正轨上，不断壮大。这个时候企业在市场上的希望已经变成了可以预计的金额，它的价值已经得到体现。第三个阶段是企业的希望强大期，每一个企业都会拥有一段难忘的高峰，这段高峰所持续的时间完全取决于管理者的风格。

优秀的管理者会在希望强大期意识到企业的问题，尽快改善已经出现的各种问题，只有这样，一个企业才能够长时间地发展下去。每一个企业过了强大期后就会进入倦怠期，很有可能这个企业在你不留神的时候，就已经被市场所淘汰了。这个世界是残忍的，当人没有了希望的时候，就会被时代所淘汰；而企业没有希望时，会被市场所淘汰。

我们只有在还没有进入淘汰期的时候就开始学会转化希望，才有可能在这个残酷的社会里面找到新的存在意义。每一个低潮都不是没有原因的，有些企业会在低潮期的时候非常不堪一击，但是如果方法正确，转化希望力强，这个企业很快就能渡过难关，再度起航。

只有拥有了希望，企业才能延续下去。作为一个企业家，最忌讳的就是直线行走，当前面是一面墙的时候，你还继续往墙上撞，就是最笨的做法。我们可以走很多条不同的路去尝试企业的新活法，每个企业都会拥有它的新形态，这是一种必然的趋势。就像那个小孩的玩具，他只会买更好的玩具，而不会去买跟开始损坏掉的那个相同的玩具，这种过程我们称之为进步。

一个企业的进步取决于管理者的抉择，有的抉择能让企业损失大部分的财力物力，而有些抉择则能一下子让企业起死回生。这并不是看谁会变魔术，而是看谁能发现潜在的希望。一个人的决定取决于他的眼光和判断，作为一位优秀的企业家，眼光要拥有一定的独特性，才能够发现企业中存在的问题与希望。

怎么才能成为一位眼光独到的企业家呢？

第一步，你得是一位管理层的希望领军人。你要能在绝望的沼泽里发现一条出路，能在拥抱希望时找到一条可以延续下去的道路。

只有充满希望地追逐，才能不停住你的脚步，你才可能推动那些静止或者倒退的。希望有着它的传播力，只要企业是人与人之间的协作，你就不需要害怕你所传达出来的希望没有人帮你延续推动。比如，现在企业里有一位愿意跟随着你一起创造的人，渐渐地，跟随着你的队伍会越来越大。这并不是取决于你，而是取决于你身边的人。他们会传递你是一个什么样的人，你的企业是什么样的，只要吸纳了跟随着你追寻希望的人，你就会有更多的时间来思考企业的下一步。

而第二步正是在这思考企业下一步时所产生的，企业的下一步就是在思考着企业的希望，你要不断地追寻着希望，才是一个称职的企业家。有的人喜欢用"比牛更勤奋的人"这样的词来形容企业家，我认为这样的观点非常可取，他们也许不会是身体最累的人，但是他们却是心最累的人。他们每天要思考的不是自身的希望，而是整个企业的希望。企业在某种程度上是企业家的孩子，当海伦说出他不舍得的时候，我非常能够理解他那种想法。谁会愿意把自己的孩子卖掉换钱呢？

但我们依然要回到一个非常现实的问题，如果这个你所创造的孩子已经不能再复活了，难道你就随着它一起消失吗？有的人确实非常执着，他们一生都干着一件事，为之而奋斗，最后到了年迈的时候失去了一切，再否定自己存在的意义。如果这样，你不就等于进入了阿诺德的世界吗？

在为了一件事而奋斗的时候，你就应该料想到这是一件没有回头路的事情。你很有可能会失败，或者成功，没有人会知道这个结果到底是什么。只有通过时间的累积，我们才会慢慢看到这个答案。其实对于企业家来说，企业只是玩具，就算在你眼里不是玩具，也请渐渐地将它看成是玩具，因为只有能把它看成玩具的时候，你才有可能去思考它的市场希望。

如果你像一个傻子，明明知道投入了大量的资金，市场依然不会给你任何回应，还义无反顾地这么做，说明企业对于你来说是孩子而不是玩具。你想成为一位优秀的企业家，拥有独特的眼光，就必须将企业看成一个随时会被淘汰的玩具，抱着这种紧张感寻找希望，在市场中寻找到存在的位置。只有这样，你才能保持客观的判断。

企业家心中存在的希望必须是强大的，没有足够强的能力与希望，你随时都有可能在市场的高速变化中找不到方向。你必须清楚地明白：你的企业现在能做什么？以后会变成什么样子？最后，它能为社会创造什么？

不管你是一位企业家，还是一个正在生活着的普通人，每个人的成功都不在于金钱的多少，只看你拥有多少希望。我曾做过一项调查，真正有幸福感的人里，有60%都会有超过3个希望，这是对于未来的一种向往，与你身价多少，身上带着多少钱根本没有直接的关系。

一个企业成功与否与人有关，一个团队的好坏与管理者有关，一个人活得好不好只跟你自己有关，别总妄想把所有的错误都归结于社会，归结于上帝的不公平。我们每个人都该走出自己的那一步，不管你是企业家，是团队，还是个人，希望就在眼前，你要抓住，而不是等待！

◎希望就在眼前，你要抓住，而不是等待！

郑重声明

本丛书中的一些散文成文时还没有现行的语言文字规范和习惯，字词句的使用有许多不同于今天。如异形词的使用，"的、地、得"的使用，标点符号中顿号的使用，等等。为忠实于原作，其中的语法、用词、标点等一律保持原状。

特此说明。

图书在版编目（CIP）数据

萧红散文集：春意挂上了树梢 / 萧红著 . -- 北京：
高等教育出版社，2016.1
ISBN 978-7-04-044116-1

Ⅰ . ①萧… Ⅱ . ①萧… Ⅲ . ①散文集－中国－现代
Ⅳ . ① I266

中国版本图书馆 CIP 数据核字（2015）第 274822 号

Xiao Hong Sanwen Ji：Chunyi Guashangle Shushao

| 策划编辑 | 游　滨 | 责任编辑 | 王冰怿 | 项目统筹 | 王冰怿 |
| 版式设计 | 张　珺 | 特约编辑 | 张　莉 | 责任印制 | 赵义民 |

出版发行	高等教育出版社	咨询电话	400-810-0598
社　　址	北京市西城区德外大街 4 号	网　　址	http://www.hep.edu.cn
邮政编码	100120		http://www.hep.com.cn
印　　刷	大厂回族自治县正兴印务有限公司	网上订购	http://www.hepmall.com
开　　本	787mm×960mm　1/16		http://www.hepmall.com.cn
印　　张	22	版　　次	2016 年 1 月第 1 版
字　　数	210 千字	印　　次	2016 年 12 月第 3 次印刷
购书热线	010-58581118	定　　价	29.80 元

物 料 号　44116-A0